O Legado dos Diferentes

Grupo Sublimação

**O LEGADO DOS DIFERENTES
TEXTOS E DEPOIMENTOS**

Autor: Maria Elizabeth Olendzki

**GRUPO SUBLIMAÇÃO
2016**

Esta obra visa à compilação de algumas experiências marcantes na jornada de algumas pessoas "diferentes".
Expor inteiramente a bagagem de cada um, faltaria papel/tinta pra isso, no mundo.
Tudo é muito especial.
Então, alguns deixam o seu legado desta caminhada evolutiva e despretensiosa.

Índice

Nº	Tópico	Página
01	Autor Maria Elizabeth Olendzki	006
02	Prefácio – *O Despertar dos Diferentes*: Rafael Hungria	009
03	Introdução – Sublimação: Hellena Costalunga	011
04	Capítulo I – A Busca - Dimensional: Maria Elizabeth Olendzki	014
	- A Busca : Caroline Marques	014
	- Similaridade de Atração: Lesley Luchetti Ribeiro	016
	- Essência: Adriana Buenno	017
	- O Grupo (1): Larissa Machado	018
	- O Grupo (2): Renata Cardoso	020
	- Um Folhetim: Gertrudes Berra	021
	- Quando Tudo Começou: Hellena Costalunga	022
	- Verdadeira Face: Hilda Morais	025
	- Encontro de Olhares: Letícia Feitosa Flávio Brustolin	027
	- Experiências: Adriane Flávia dos Santos Seidel	032
	- Seu Nome: Maria Salete Campiol	033
05	Capitulo II – O Cara - Viajante: Maria Elizabeth Olendzki	034
	- O Início – Cleide Nagem Vasconcellos	035
	- Um Homem Diferente: Cris Tessarini	036
	- O Diferente: Maria Bernadete de Oliveira Martins	038
	- Menino das Estrelas: Dalma Coutinho	038
	- O Encontro com o Diferente: Hellena Costalunga	039
	- Mundos Paralelos: Paula Ferreira Campos	041
	- Diferente dos Diferentes: Ismael Trindade	044
06	Capítulo III – Reencontro - Encontro Marcado: André Maretto	046
	- Aparição: Tadeu Leonardo Soares e silva	047
	- Entidades Galácticas – Delvair Alves Brito	048
	- Borboletas: Maria Júlia Assumpção	049
	- Fora do Normal: Natalia Reikdal	051
	- Uma Noite Especial: Viviane Vaz Castelo Branco Felipe Castelo Branco	052
	- Pégasus: Viviane Assad	055
	- O Que me Difere de Muitos: Pedro G. Seidel	056
	- Noutra Dimensão: Cleide Nagem Vasconcellos	058
	- O Inusitado: Mamédio Gonçalves	060

Nº	Tópico	Página
07	Capítulo IV – Família Cósmica - Os Diferentes em parceria com a humanidade: Denise Borges	062
	- Inspiração: Márcia Maneira	066
	- O Milagre: Amanda Estela Riveros	066
	- Uma Família Diferente: Elizabeth e Izildinha Jordão	068
	- Amizade "por acaso": Gabriel de Oliveira	070
	- Um Filho Diferente: Hellena Costalunga	072
08	Capítulo V – Pérola do Universo - Pioneira: Neuza da Silva Santos	084
	- Zigurats: Alcides Jr.	085
	- Desprogramar... E Buscar: André Kollet	091
09	Capítulo VI – Fenômenos - Energéticos e Ultras: Suzana Ferrari	094
	- Materialização: Daisy O. Olayeni Ojo	095
	- Saúde: Andrea Reikdal	097
	- Teletransporte: Mamédio Gonçalves	098
	- Bilocação: Delvair Alves Brito	099
	- Toque Especial: Rodrigo Kastrup	100
	- A Pedra: José Martins Chaves Junior	101
	- Trombetas do Amanhecer: Angélica, Arthur Ricardo B. Cunha	102
	- Sinfonia: Maria Elizabeth Olendzki	105
	- Tempo Zero: Vinicius Camacho Pinto	106
	- A Nave Plasmada: Patrícia Alves de Assis	107
	- Contato: Candice Maria Chaves de Barros	108
	- Plasma: Cássia Kesselring	110
	- Bioplasma: Loiva Züghen Bertol	111
	- Vivências: Ismael Trindade	111
	- Primeiro Contato: Victor Culanys	114
	- Ativação: Léssia Raquel Ivanechtchuk	116
	- As Primeiras Interações: Marcelo Carletti	118
	- Cura: Ângela Gamenho	121
	- Luz Crística: Cláudia Passagli	122

Nº	Tópico	Página
10	Capítulo VII – Jornada	124
	- O Começo de Tudo: Gustavo Guerra	
	- A Vida Sempre nos Mostra o Caminho: Emerson Reis	125
	- Olhar Diferente: Elizabeth Toledo	127
	- Placas: Otávio Teixeira dos Reis	129
	- O Milagre que veio do Céu: Anna Battistel Kamm Wertheimer	133
	- Lilarial: Jackson Roberto Liller	135
	- O Invisível Existe: Fátima e Noé Queiroz	140
	- Do Tangível ao Intangível: Alexandre Rampazzo	140
	- O Fluxo da Vida: Joaquim Nicolau Seidel de Souza	144
	- Profundos Olhos Azuis: Carlos Magno Ramos	145
11	Capítulo VIII – Habilidades	153
	- Sobrenatural: Jonatas Botelho David	
	- Transparência: Hildete Souza Almeida	155
	- Eu... Uma Diferente!: Rosangela Amaral Andrade	155
	- Sexto Sentido: Dora Pabla Torres Guzman (Paraguai)	163
	- Os Limites: Eulaine de Oliveira Pereira	163
	- Ecosistema: Vequi Recalde (Paraguai)	165
	- Olhar nos Olhos: Renan Cássio R. Fávaro	166
	- Verde Neon: Alma Luz	167
	- Inexplicável: Cleide Nagem Vasconcellos	168
12	Capítulo IX – Conclusão - Recado do Amigo das Estrelas: Marcus Vinicius Macedo	169
	- Diferente: Gertrudes Berra	174
	- O Legado: Maria Elizabeth Olendzki	175
13	Epílogo	175
	- Mistério: Maria Elizabeth Olendzki	
14	Agradecimentos	177

AUTORES
(Ordem alfabética)

Nº	NOME	UF	Páginas
01	Adriana Buenno	MG	
02	Adriane Flávia dos Santos Seidel	ES	
03	Alcides Jr.	PR	
04	Alexandre Rampazzo	ES	
05	Alma Luztetti de Oliveira	MS	
06	Amanda Estela Riveros	MS	
07	André Kollet	RS	
08	André Maretto Miranda	RJ	
09	Andrea Reikdal	MS	
10	Ângela Gamenho	MS	
11	Angélica Petry Vieira da Cunha	ES	
12	Anna Bastell Kamm Wertheimer	RS	
13	Arthur Petry Vieira da Cunha	ES	
14	Candice Maria Chaves de Barros	RN	
15	Carlos Magno Ramos	MS	
16	Caroline de Cássia Campos S. Marques	MG	
17	Cássia Maria Kesselring da França	PR	
18	Claudia Passagli	MS	
19	Cleide Nagem Vasconcellos	MS	
20	Daisy Oliveira Olayeni Ojo	SP	
21	Dalma da Cruz Coutinho	MS	
22	Delvair Alves Brito	DF	
23	Denise Borges de Oliveira	SP	
24	Dora Pabla Torres Guzman	Py	
25	Elizabeth Jordão Lima	MS	
26	Elizabeth Toledo	MS	
27	Emerson dos Reis	MG	
28	Eulaine de Oliveira Pereira	MS	
29	Fátima Ivanechutchuk	SP	
30	Flávio Bertani Brustolin	MS	

AUTORES
(Ordem alfabética)

Nº	NOME	UF	Páginas
31	Gabriel de Oliveira	DF	
32	Gertrudes Berra	RS	
33	Gustavo Guerra	MS	
34	Hellena Costalunga	RS	
35	Hilda Coelho de Morais	MG	
36	Hildete de Souza Almeida	MS	
37	Ismael Rodrigues Trindade	ES	
38	Izildinha Jordão Lima	MS	
39	Jackson Roberto Liller	MS	
39	Joaquim Nicolau Seidel de Souza	ES	
40	Jonatas Botelho David	MG	
41	José Martins Chaves Jr.	RJ	
42	Larissa Machado	SP	
43	Lesley Luchetti Ribeiro	SP	
44	Léssia Raquel Ivanechutchuk	SP	
45	Letícia Feitosa	MS	
46	Loiva Züghen Bertol	RS	
47	Luiz Felipe Saboya Castelo Branco	MS	
48	Mamédio Gonçalves	MG	
49	Marcelo Carletti	RJ	
50	Márcia Maneira dos Santos	SP	
51	Marcus Vinicius Santos de Macedo	SP	
52	Maria Bernadete Oliveira Martins	MS	
53	Maria Cristina Tessanini Gomes Corsi	SP	
54	Maria Elizabeth Olendzki da Silva	MS	
55	Maria Júlia Assunção da Rocha e Silva	SP	
56	Maria Salete Campiol	MG	
57	Maria Vequi Recalde	Py	
58	Natalia Reikdal San Martin	MS	
59	Neuza da Silva Santos	MS	
60	Noé Gonçalves de Queiroz	MG	

AUTORES
(Ordem alfabética)

Nº	NOME	UF	Páginas
61	Otávio Augusto Teixeira dos Reis	MS	
62	Patrícia Alves de Assis	RJ	
63	Paula Ferreira Campos	MS	
64	Pedro G. Seidel	MS	
65	Rafael Hungria	SP	
66	Renan Cássio R. Fávaro	MS	
67	Renata Cardoso Marques dos Santos	DF	
68	Ricardo Bastos Vieira da Cunha	ES	
69	Rodrigo José Kastrup Silva	RJ	
70	Rosangela Amaral Andrade	MG	
71	Suzana Carvalho Ferrari	MG	
72	Tadeu Leonardo Soares e silva	RJ	
73	Victor Culanys	RS	
74	Vinicius Camacho Pinto	SP	
75	Viviane Assad de Léo	RJ	
76	Viviane da Costa Vaz Castelo Branco	MS	

Prefácio

O DESPERTAR DOS DIFERENTES – Rafael Hungria

Durante toda a história da humanidade, muitos seres humanos apresentaram um sentimento de desajuste e incompatibilidade por estarem inseridos neste mundo. Com um sentimento de abandono e carentes de algo mais além, buscavam a esperança em algum ponto do tempo e do espaço, que lhes remetiam a uma felicidade distante, outrora perdida no passado. Estas pessoas eram "diferentes" e frequentemente olhavam para o céu, como se algo estivesse faltando em suas vidas e que iriam encontrar. Viviam em desamparo e com um desejo de retornar ao ponto de origem, a sua verdadeira casa, e viver com sua verdadeira família.

Eles vivem o sintoma de não pertencer a este mundo e de estar vivendo como um alienígena, como alguém que sente e sabe que não pertence a este lugar e não se enquadra nas regras impostas pelo sistema estabelecido. Como estranhos no ninho, sentem uma saudade imensa de outro lugar ou de outra época, assim como uma eterna nostalgia de algo que não sabe definir o que é, mas em seu íntimo eles compreendem que algo muito precioso foi perdido. Em resumo, estando perdidos em um mundo que não é deles, os Diferentes não sabem o que estão fazendo aqui, de onde vieram e para onde vão. Suas vidas serão movidas pela saudade de algo que não sabem o que é, e jamais desistirão de encontrar este reencontro existencial.

Alguns sentem que sua verdadeiramente família e amigos não são daqui. Seus parceiros evolutivos reais estariam em outro espaço-tempo, em uma realidade paralela ou mesmo outra dimensão. Parece estarem sendo acompanhados por estes antigos parceiros, e que em algum momento eles irão contatá-los e os ajudar no resgate de suas memórias e origens cósmicas.

Atualmente, os Diferentes também se sentem isolados de tudo e todos, ou buscando consciente ou inconscientemente esse isolamento como forma de proteção de um mundo que lhe é estranho. Alguns acabam seguindo por caminhos místicos e religiosos, muitas vezes monásticos. Outros se revoltam e acabam caindo no mundo das drogas e da rebeldia, e ainda encontramos aqueles que não aceitam as regras do jogo impostas pelas lideranças mundiais e lutam por novas ideologias políticas e sociais. Tornam-se indiferentes, pois são diferentes.

Nenhuma sociedade deseja que as pessoas usem a inteligência, pois no momento que começam a usar, elas se tornam perigosas. Perigosas para o sistema, perigosas para aqueles que estão no poder. Um perigo para todo tipo de opressão, exploração, repressão. Perigosas para as igrejas, para os estados e para as nações. Na verdade, um homem com conhecimento é um fogo vivo... Uma chama... Mas ele não pode vender sua vida, ele não pode servir a ninguém, ele prefere morrer que ser escravizado.

Eis que, em algum momento, surge no Diferente o desejo profundo de se descobrir e compreender qual é o seu propósito e sua missão, e ele começa a realizar ações concretas para mudar o mundo. Sim, pois, se você nasceu em um mundo na qual você não se encaixa, é porque você nasceu para ajudar a criar um novo mundo. Como verdadeiros visionários do caminho, começam a servir à humanidade. Eles confortam os perturbados e perturbam os confortáveis. Aos poucos começam a manter contato com a fonte original da realidade, são capazes de perturbar as convenções sociais e até mesmo os governos para realinhar a humanidade com o propósito maior. Descobrem que são parte de uma linhagem antiga, os portadores da Chama do Conhecimento.

É importante salientar que quem se sente diferente dos demais, torna-se um perigo para o sistema. Eles ameaçam o controle daqueles que governam o mundo. Não aceitam mentiras, possuem a chama da verdade ardendo dentro de si. São aqueles que vieram fazer a diferença, acabar com a manipulação. Se você é um destes, saiba que não está sozinho, você encontrará seu caminho, sua missão e seu destino. Não estamos sós, nossa família está se reencontrando.

Introdução

SUBLIMAÇÃO – Hellena Costalunga

Essa compilação de casos tem como principal objetivo apresentar um mundo, ou melhor, um olhar diferente sobre as coisas; uma visão para além do que nossos olhos conseguem, ou estão acostumados a ver. E ver, ou enxergar, entendemos ser algo bem mais profundo e amplo do que está posto por um sistema que nos engessa e nos torna submissos a ele. E ao Grupo Sublimação coube à missão de recepcionar as pessoas que buscam este "algo diferente".

Nos dicionários podemos encontrar referências sobre o conceito de sublimar, tais como: "Exaltar ou enaltecer; fazer com que, algo ou alguém, se torne sublime... purificar; separar-se daquilo que é impuro: sublimar os sentimentos, divinizar...

Para o Grupo Sublimação, vamos um pouco mais além do conceito comum. O grupo objetiva mudanças de estado, no sentido de transformação, ou reciclagem de todas as energias em vibracionais ativas; ou todas as energias em energias Taquiônicas, neste caso, relacionadas às emoções.

Das principais habilidades do Grupo Sublimação, podemos ressaltar a energia do encanto, da magia de contagiar positivamente os corações e mentes das pessoas, através do sorriso. Nas mulheres, esta energia mexe com o Timo, situada ao nível do coração, atrás do esterno (osso achatado, situado na parte anterior da caixa torácica e que está ligado às costelas que, no senso comum, infere ser a energia do coração, da harmonia e de interação; e nos homens, esta energia mexe no Plexo Solar, também conhecido como plexo celíaco, é uma complexa rede de neurônios que no corpo humano está localizada atrás do estômago e embaixo do diafragma perto do tronco celíaco na cavidade abdominal a nível da primeira vértebra lombar deles. São aquelas pessoas que, ao adentrarem num recinto, fazem bem aos demais integrantes do local, especialmente as pessoas que possuírem a mesma frequência se sentirão muito bem.

É pertinente esclarecermos que para tudo há um lado positivo e também um lado negativo e, nesta habilidade do encantamento, não seria diferente. Portanto, ao trabalharmos com o lado positivo, você fará com que todas as pessoas fiquem admiradas e sejam envolvidas na sua energia. O lado negativo desta capacidade de encantamento, é o risco das pessoas ficarem dependentes de quem possui esta capacidade.

No que diz respeito as características, podemos citar algumas das tantas que são relativas as pessoas com esta frequência de sublimação. São pessoas capazes de agregar, de modificar, de aperfeiçoar, de conhecer, de motivar, de atrair e encantar multidões, animais e a natureza. Quem possui estas características, de atraírem e encantarem as pessoas, acabam contagiando os corações e mentes de todos, facilitando que as mesmas cresçam e que despertem a força interior de cada um.

Se você se identificou com a maioria das características e habilidades citadas, provavelmente você seja um diferente com habilidade da Sublimação!

O Legado

"Futuras gerações se lembrarão de um grupo que esteve aqui, e que promoveu mudanças riquíssimas.

E que deixou heranças, que deixou fotos, vídeos, e que falava com os Deuses do céu, enquanto a sociedade oprimia, difamava aquele grupo; o grupo ia trabalhando, trabalhando, trabalhando, construindo de grãozinho em grãozinho um de cada vez. E de repente a cidade estava um espanto!

Em seguida o mundo não conseguiu mais segurar aquele espanto de cidade. Todo mundo voltou seus olhos e investimentos para cá.

E um dia este grupo foi embora deixando muitas técnicas, e tecnologias contra terremotos, abalos sísmicos, vendavais, raios que vem do céu, de toda as frequências diversas e direções e de todas as direções luminosas que matam o ser humano e destroem as células.

Aquele grupo deixou de herança a vida eterna. Aquele grupo deixou de herança mutação genética que fará uma nova geração de anjos, de super-homens, de pessoas saudáveis; nada de fome, não há mais doenças. Aquele grupo ficou na história, é uma lenda!

Este grupo foi maravilhoso em saber o que ia acontecer no final do mundo, no final dos tempos, no final do ciclo, no novo recomeço. O novo recomeço se deu a partir de 2018.

E esse grupo foi glorificado nos quatro cantos da Terra, do céu, do Sistema dos mundos paralelos e foram considerados os homens, os Seres Universais que ali habitaram e que falavam com os humanos da Terra e que passaram técnicas mirabolantes.

E que tinha um "cara" que falava diretamente com eles, com todas as suas regalias, que fazia proezas que nenhum Ser Humano já fez.

Esse "cara" conseguiu montar esse grupo revolucionando todas as cabeças: medicina, ciência, filosofia, tudo aquilo que diz respeito ao conhecimento humano.

E aquele grupo buscava conhecimento e passava conhecimento de graça! Em troca apenas de uma tarefa! Alimentação, que as pessoas comessem, comessem, comessem aquilo que eles orientavam, pois o seu prolongamento de vida se daria através dos alimentos e da água, dos exercícios, das técnicas e principalmente das descobertas genéticas que foi passada pelos Deuses para este grupo.

E este grupo consagrado pelos jornais da mídia eternamente por 26.800 anos. E na próxima virada, quando se aproximou o grande corpo celeste, este grupo se foi.

Esse grupo se foi, mas deixou sua marca na Terra, deixando para trás choros, lembranças, saudade daqueles que um dia criticaram.

Aqueles que um dia difamaram, choraram lágrimas e lágrimas de quase sangue, mas foram também agraciados pela bondade desse grupo, mesmo aqueles que atiraram pedras no grupo, mesmo assim todos foram beneficiados de coração por aquele grupo que passou pela Terra, fez proezas, prometeu e executou. E deixou sua marca, sua luz, sua cidade para as gerações futuras.

E assim são vocês!"

Mensagem do Amigo das Estrelas – 27/03/2011

Capítulo I
A busca

DIMENSIONAL – Maria Elizabeth Olendzki

No princípio existia o Nada. Nenhuma consciência estava despertada. Tudo era negro, silencioso e parado. À medida que a luz se aproximava, iniciou-se uma leve vibração onde somente existia o Nada. Em certo momento, algo despertou e tomou consciência de sua existência adormecida. E percebeu seu EU. Este despertar vem ao encontro da essência do SER. Então ele começa a grande busca pela sua origem primeira. Nesta busca o SER segue recolhendo todo o conhecimento, fortalecendo sua essência formando seu corpo de sabedoria. Com a sabedoria descobre que não sobreviveria sem AMAR. E para AMAR precisa do outro para se conhecer. Conhecendo o outro ele aprendeu a se sacrificar. E neste sacrifício ele se reconheceu como o início de tudo. Desta maneira, vivenciou todas as dimensões imagináveis. Assim é o Dimensional Diferente nesta jornada épica onde interage com o outro para BUSCAR a si mesmo. Desta maneira, concretizou um refúgio especial em si próprio. Onde o NADA se preencheu do TUDO!

A BUSCA - Caroline Marques

Bom, minha história é como outras tantas. Nascida no interior de Minas Gerais fui criada com uma série de convenções sobre o que é certo e errado. Minha família, com a melhor intenção, encarregou-se de mostrar-me desde muito nova uma educação e religião que diziam claramente tudo que eu deveria ou não deveria fazer, sob risco de sofrer as eternas e severas consequências do inferno, caso persistisse no erro.

E foi assim que eu, ao longo do tempo, fui procurando me adaptar neste mundo que fazia pouco sentido para mim. Mas... o problema estava realmente no verbo "adaptar". Por mais que eu me esforçasse, por mais que eu insistisse em seguir meu caminho sem olhar ao redor, internamente uma "outra Caroline" parecia dizer: "opa, tem certeza?". E eu nunca tinha! Pois bem, fato é que essa dualidade me acompanhou a vida inteira. Fui uma criança tímida, quase esquisita. Na adolescência, eu vivia o dilema entre ser a "boa moça" que faria minha família feliz ou arriscar e fazer tudo absolutamente diferente do que todos esperavam. Então, foi uma adolescência, no mínimo, confusa.

Decidi mudar para a capital mineira e escolhi tornar-me Psicóloga, para desgosto do meu pai, acreditando que, ao "cuidar de doidos", provavelmente eu morreria de fome. E o descrédito dele fortaleceu-me de tal forma que eu não apenas fiz o curso, como, notadamente e por um longo tempo, alcancei um certo destaque nesta profissão. Entretanto, internamente, a pergunta persistia: "opa, tem certeza?". E então, aos poucos, comecei a observar que, na tentativa de atender aos padrões que me foram ensinados, eu me afastava daquilo que, genuinamente, tocava a minha alma. Foi quando me lembrei de que eu sempre fui muito interessada pela história e nunca acreditei que o estava escrito era estritamente verdadeiro. Recordei-me como me marcou o período da Idade Média e dos massacres cometidos pela Igreja, queimando todos aqueles que apresentavam habilidades extraordinárias. Recordei-me do período do Iluminismo e da possibilidade de o conhecimento estar no centro de tudo. Também comecei a notar que as pessoas ao meu redor me diziam ser "estranha", como quem tenta insistentemente se enquadrar em uma caixinha que não lhe pertence.

Conheci um grupo que, como eu, também se interessava por história, por fenômenos não explicáveis, por uma ciência alternativa que o convencionalismo insiste em tripudiar. E foi assim que eu comecei a me encontrar – e permaneço nesta busca até hoje, juntando pedaço a pedaço para que todas as peças estejam devidamente conectadas. Após a dura constatação de ter vivido por 30 anos numa mentira muito bem contada (e que eu também ajudei a contar), vi que a minha vida estava exatamente na contramão de tudo que eu acreditava. Um emprego que não fazia sentido algum, amizades vazias, coisas e mais coisas absurdamente supérfluas. Mas a constatação me trouxe um propósito e o propósito é tudo que o ser humano precisa para voltar seu olhar e o seu coração para uma Missão. Não se trata de sentir ou ser "diferente", mas de me perceber profundamente comprometida a "fazer a diferença" por onde quer que eu passe, levando conhecimento, saúde, nobreza e amor. E assim deixar um legado para as próximas gerações que virão.

Então, prezado leitor, se eu te encontrar por aí, você verá uma pessoa aparentemente comum. Você poderá pensar: "olha, ela tem um trabalho, tem uma casa, ela faz as compras no supermercado, cuida do filho e do marido... puxa, como ela é normal". E, até certo ponto, você estará correto. Mas, por trás desta suposta normalidade, esconde-se uma pessoa diferente, que olha o mundo com uma nova visão da realidade. E, talvez (quem sabe?), tão diferente quanto você, que lê as minhas palavras agora!

SIMILARIDADE DE ATRAÇÃO - Lesley Luchetti Ribeiro

Nem tudo nesta vida pode ser explicado, pelo menos conforme a nossa capacidade atual de entendimento, mas tudo tem uma razão de ser. Compreendi que semelhantes se atraem e assim foi, que aqui cheguei...por atração e semelhança, após longa busca, incansável busca.

Lembranças de cenas da infância e adolescência me falam que sempre fui diferente dos demais ao meu redor e por mais esforço que fizesse, não conseguia conforto junto à um grupo e outro, apesar de ter boa sociabilidade. Sempre ficava no ar a mesma sensação de estranheza..."não me encontro pertencente, congruente... onde estão os meus iguais?"

Fui aos livros, às religiões, ciências, esoterismo, ao sobrenatural. Fui ao padre, pastor, gurus e pais de santo, paranormais de incontáveis instâncias...e a pergunta continuava a morder: onde me encaixo?

Mas, nessa busca fui colhendo informações e construindo um caminho. Nenhum conhecimento é perdido e assim escalei degraus e fui me habilitando para compreender que muitos desses grupos pelos quais passei e que me acolheram, cada um com seu perfil específico, também carregam em sua essência um chamado para o sagrado, atraídos sempre por uma força e uma verdade oculta. Cada um segue seu caminho, conforme seu grau de evolução e aprimoramento. Pena é, que muitas vezes as lideranças se perdem em seus egos que gritam mais forte e anseiam poder, e o sagrado se profana...

Mas, aqui cheguei entre outros, que partilham a mesma busca. Notei que esse movimento de rotação sobre o próprio eixo em busca de algo que nos dê sentido à vida, fazia parte de outro movimento maior. E assim como a Terra no seu movimento de translação gira atraída pelo sol, assim fomos atraídos a um ponto comum. Esse ponto de atração é exercido neste caso, por uma pessoa muito especial, o precursor dos "Diferentes" que funciona como esse sol e atrai em torno de si, aqueles que pertencem ao mesmo projeto de vida do Universo.

Esse cara especial, é dotado de uma rara sensibilidade, liderança nata e grande espírito de perseverança e luta. Acho mesmo, que veio ao mundo para juntar o seu povo, descobrir a cada um dos seus semelhantes e transmitir a todos, ensinamentos que a ele são passados por um "amigo das estrelas".

Esse líder diferente, recebeu sua primeira visita dos nossos parceiros e amigos intergalácticos, quando era bem jovem e soube desde então, que deveria reunir seus semelhantes, funcionar como um imã, para que outros buscadores pudessem chegar à verdade que tanto procuram. Mas, quando aceitou esse compromisso, percebeu que tinha que ampliar seus conhecimentos e então dedicou-se aos estudos de ciências e paraciências, arqueologia, civilizações antigas, astronomia e outras. A ele se juntaram vários profissionais competentes de diversas áreas que foram somando seus conhecimentos e hoje formam um grande grupo, que se reúne em região próxima ao município de Corguinho, no Mato Grosso do Sul.

Nesse local, todos recebem informações e orientações desse "amigo estelar" que tem como objetivo, ampliar nossos conhecimentos, nossa qualidade de vida, treinar nossa capacidade de sobrevivência em tempos difíceis, treinar nosso potencial mental para melhorar nosso nível de compreensão, passar informações preciosas sobre alimentos e nutrição para otimizar nosso metabolismo e nos tornar resistentes às muitas doenças existentes.

Enfim, a esse grupo fui atraída, assim como todos o foram por termos uma similaridade no pensar, no querer, no idealizar e a necessidade de realizar coisas em benefício do planeta e da humanidade.

Entendemos que somos interligados e que tudo o que, cada um fizer e pensar, influencia o todo. A vida brota em todos os cantos do Universo. A ele pertencemos e ao mesmo tempo somos responsáveis por ele. Por isso, trabalhamos em conjunto e na mesma direção.

ESSÊNCIA - Adriana Buenno

Por muito tempo acreditei que fosse normal sentir saudades sem motivo, melancolia sem razão e vazio sem por que. Me sentia um peixe fora d'água, sem rumo e sem lugar. Até que estes sentimentos se intensificaram e assim, impulsionada pelo desejo de entendê-los, iniciei uma importante busca por mim mesma, decidi encontrar o meu lugar nesse mundo.

"Quem procura, acha" Foi assim que, sincronicamente, conheci o GRUPO, um núcleo de estudos e pesquisas cujo objetivo é despertar o conhecimento do ser humano e do seu propósito de vida, possibilitando o encontro de si mesmo e da sua responsabilidade. Estes estudos me abriram olhos para uma nova visão da realidade, para um novo sentido da vida. Descobri que não estava sozinha e que muitos se encontravam no mesmo processo.

Foram reencontros felizes que me proporcionaram crescimento e realização. Compreendi que, além de aprender com o outro, é possível fazer dessas relações, excelentes ferramentas para o exercício da tolerância e do controle emocional. Mas, isso é uma tarefa para os corajosos, pois não é fácil identificar no outro o que não gostamos em nós mesmos.

Embora já tivesse uma ideia, não imaginava que o processo de despertar e de tomada de consciência fosse tão complexo e muitas vezes tão doloroso. Entrar em contato com você mesmo é um momento confuso, quase esquizofrênico. Identificar as coisas boas tudo bem e as que não são tão boas assim? Mas tarefa difícil mesmo é encarar o ego e fazer dele um aliado, isso implica em sair, totalmente, da zona de conforto. Significa libertar-se para crescer, romper com as velhas estruturas, abandonar os velhos paradigmas, as crenças e as verdades impostas. É necessário mente aberta, coragem e muita disposição para que se promova o amadurecimento e a implantação dos novos alicerces.

Percebi que posso exercer a minha especialidade e que tenho tudo de que preciso para realizar a minha tarefa. Me dei conta do poder que temos sobre nós mesmos e sobre nossas vidas, do arsenal de potencialidades à nossa disposição, e da relação de reciprocidade que podemos manter com o universo.

Felizmente, a essência divina, que pulsa sem parar nos convidando a retomar o caminho, em algum momento vibrou mais forte e num lampejo de consciência desejei me reencontrar. Finalmente, descobri com alegria que companheiros de jornada e evolução aguardavam ansiosos o momento de me estender as mãos. O aprendizado e a busca continuam, mas hoje sei muito bem onde estou e onde quero chegar.

O GRUPO (1) - Larissa Machado

Busquei..., busquei,... busquei até o dia que encontrei.

Em várias religiões e linhas de pensamento, durante minha vida toda, busquei respostas para as várias questões existenciais, busquei respostas para minhas questões mais íntimas, busquei entender qual era o meu lugar na existência, qual era minha missão para com a humanidade.

Passei por várias igrejas, várias linhas esotéricas, centros de várias religiões, vários tipos de meditações. Em cada um encontrei algo que me soava real, mas a maioria ressonava dentro de mim como mentiras, ilusões, manipulação; e eu não conseguia me aprofundar, me conectar, muito menos me prender a esses lugares cheios de dogmas. Pesquisava sobre as pirâmides que sempre me fascinaram, pesquisava sobre vida em outros planetas, paranormalidade e escritos, estudos e livros que falassem do ser humano capaz de exercer sua completa existência seu poder, e tudo isso me soava real. E assim prossegui minhas buscas, até o dia que encontrei um grupo.

Um grupo que tinha as mesmas buscas e estudos que eu, um grupo que nunca se encaixou em lugar nenhum, um grupo diferente, com pessoas diferentes, que buscavam o melhor de si próprias e o melhor para a humanidade, um grupo em parceria com 49 raças de seres de outras dimensões, mais evoluídas que a nossa e que passavam muitos conhecimentos e benefícios. Esse grupo tinha muitos estudos, muito conhecimento e informação e fui junto com eles, estudando, aprendendo e me aprimorando.

Estudos sobre as mais diversas áreas do conhecimento humano: história, ciência, biologia, civilizações antigas, arqueologia, principalmente a saúde, esse grupo tinha muitas informações sobre alimentação e como poderíamos ser mais saudáveis e portanto seres mais evoluídos. E tudo isso me fascinou, aprendi sobre a origem da humanidade, aprendi sobre energia e uma ciência de muitos anos à frente da nossa, ciência Lilarial. Os nossos parceiros das galáxias nos orientam e nos ativam com variadas tecnologias de outras dimensões e isso nos ajuda a evoluir mais e mais rápido. As respostas para minhas perguntas vem sido respondidas e nesse grupo me encontrei. Mais do que as experiências paranormais e fenômenos de tecnologia da ciência Lilarial que eu presenciei e participei, tendo enormes benefícios; achei neste grupo a razão da existência, encontrei meu verdadeiro eu e minha missão, achei nesse grupo uma forma concreta de evolução e maneiras concretas de realizar algo maior em prol da humanidade, com ajuda e parceria dos seres das 49 raças.

O GRUPO (2) - Renata Cardoso

Certo dia conheci um grupo, um grupo bem diferente dos que eu já conhecia. Desde nova tentei me incluir em um grupo ou em alguma "tribo", mas nunca havia achado uma em que a minha forma de ser diferente se encaixaria com a dos demais, e por isso me sentiria em casa.

Bom, quando havia completado 18 anos de idade fui convidada pelo meu irmão e minha mãe para assistir a uma palestra, nessa ocasião seriam abordados temas diversos que abrangeriam as Ciências Paralelas, ou seja, a ciência que caminha paralelamente a tradicional que estuda os fenômenos parapsíquicos e paranormais. Interessei-me sobre o tema apesar de nunca antes nessa vida ter pesquisado sobre o assunto.

Então fui ao início e achei bastante estranho, como um grupo daquele existia e eu nunca tinha escutado falar? Bem, durante as palestras foram apresentados diversos exercícios diferentes onde poderíamos testar nossas capacidades enquanto pessoas paranormais poderiam testar nossa mente, nossos pensamentos influenciando o dos outros positivamente, no fim achei bem louco, mas muito interessante. Em outras oportunidades pude ver que meu cérebro pode ser utilizado bem mais do que os 10% instituído no senso comum, como conseguiria eu entortar garfos e colheres só com o poder da mente? Ou então modificar uma bússola? Adivinhar objetos apenas identificando a energia da pessoa que o tocou? Entrar em lugares e perceber as questões negativas e positivas? Bem, esses foram alguns dos ensinamentos que esse grupo me proporciona.

Em certa ocasião encontrei com o Cara, sim ele é o cara. Com um rosto simples, humilde e que presta atenção em todos. Foi em 2010 em uma fazenda a uns 80km de distância da cidade de Brasília, um grupo com um pouco mais de 60 pessoas foram se encontrar para praticar os ensinamentos que aprenderam durante alguns anos, e também para descobrirem informações novas. Nessa ocasião nos foi falado sobre os amigos das estrelas, nossos parceiros que há anos acompanham o povo terrestre, tentando resgatar sua memória cósmica para que eles possam enfim cumprir com a missão que vieram desenvolver aqui na terra.

Foi nesse grupo que também conheci outras pessoas que já haviam desenvolvido um pouco mais suas habilidades paranormais, são pessoas que dedicam um pouco do seu tempo em consultas ou mesmo bate papos simples que com certeza fazem a diferença na vida de quem os escuta.

Bom desde que entrei, em 2010, pude ver e participar de muitas conquistas coletivas, e acredito que elas irão aumentar cada vez mais, são 6 anos maravilhosos de aprendizado que me fazem cada vez mais participar e crescer junto. Nossos amigos das estrelas sempre seguem nos passando orientações diversas e nós juntos seguimos na busca por conhecimento.

UM FOLHETIM - Gertrudes Berra

Ser diferente não é aquele que tem mais ou menos poder aquisitivo, elegante ou fora de forma, mas sim que busca além do que lhe é apresentado. Podemos dizer somente que o desperto percebe.

Desde criança, sempre tive a sensação, um sentimento de que algo mais existia e que a verdade estaria oculta. Não era possível acreditar que o processo seria apenas nascer, crescer, se tornar um adulto, formar família, envelhecer e morrer. Eu me perguntava qual seria o propósito de tudo isso? Afinal, tudo foi criado por uma inteligência maior, assim como nos foi contado, então porque haveria tanta diferença e maldade no mundo? Esse criador de tudo seria numa hora bom, noutra não?

Estes questionamentos um dia deveriam ter respostas. Passei por varias linha de pensamento, porém num belo dia, entrei numa farmácia em Porto Alegre, encontrei sobre o balcão um folhetim muito interessante, ao ler pensei, até que enfim, o convite era para assistir uma palestra de um cara diferente que falaria sobre inteligências superiores, a se realizar alguns dias depois.

Chegou o dia e eu estava lá, fiquei muito feliz porque havia muitas pessoas, aí percebi que elas também deveria sentir a mesma sensação que eu, um vazio, vamos dizer assim, se sentido um peixe fora da água". De certo modo, ali começou um novo caminho na minha vida, na busca de conhecimento sobre varias áreas como: civilizações antigas, tecnologias, alimentação, origem cósmica, leis universais, transmutação, entre outras . Precisamos descortinar as verdades ocultas para deixar um mundo melhor para as futuras gerações.

QUANDO TUDO COMEÇOU - Hellena Costalunga

Era um final de tarde de inverno qualquer de 1998, tenho esta data como sendo o registro, como um marco, onde tudo mudou em nossas vidas. Estávamos apenas nós dois, Danilo e eu na estrada, próximos a Minas do Camaquã/RS, em pleno pampa gaúcho, o sol se pondo, num entardecer lindo. Conversávamos algum assunto ameno, entre um chimarrão e outro, então, por alguns minutos, ficamos em silêncio total, nenhum carro passando. Só nós naquele mundão de estrada... A lua surgindo no céu, do lado esquerdo, o sol se pondo, do lado direito... uma paisagem para pintar uma tela! Então, do nada, naquele espaço entre o sol e a lua, tudo mudou em nossas vidas: Surgiu uma espécie de uma "segunda Lua". Ela apareceu do lado esquerdo, portanto do lado da Lua, correndo em direção ao lado direito, de encontro ao Sol. Correu entre estes dois espaços e desapareceu, tão rápido quanto surgiu! Mas, não foi apenas um desaparecer comum (como se só a aparição daquele objeto fosse comum)! Como o sol estava se pondo no horizonte, entre as planícies, o objeto semelhante a lua, ao desaparecer, causou um clarão no horizonte, como se fosse uma explosão (silenciosa).

Ficamos mais em silêncio ainda! Cada qual absorto em seus respectivos pensamentos... Depois de um tempo, que pareceu infinito, perguntei:

H – Danilo, tu viu o que eu vi? Um longo tempo em silêncio.
D – Vi. (respostas masculinas são, normalmente, monossilábicas, nunca entenderei o porquê).
H – Sim, mas tu viu o quê? (mulheres sempre são mais detalhistas! Também nunca entenderei o porquê!). Silêncio.
D – Ah, um avião!

Ficamos em silêncio por mais um longo período percorrendo a estrada, quase parados. (Acho que a sensação exata foi esta: houve uma espécie de "parada" no nosso tempo)! E eu pensando no absurdo que acabara de ver!!! Nossa, como uma cena daquelas, um fenômeno daqueles, o homem conseguiu resumir num simples "avião"? Eu pensando numa lua, num objeto lindo no céu, no pôr-do-sol, no campo, aquela luz prateada se juntando ao dourado da luz do sol no horizonte... blá, blá, blá... e ele me vem com um simples avião? (homens são sempre muito racionais! Enquanto nós, mulheres, somos muito mais subjetivas, reflexivas, românticas...).

H – Mas como assim um avião? Tu não viu um objeto semelhante a Lua, surgir no céu, correr, e desaparecer no horizonte onde o sol está se pondo? Tu não viu o clarão no horizonte? Como tu me diz que uma "Lua" é um avião?
D – Por isso mesmo, era um avião, lua não poderia ser, ela está ali!
H – Então um avião caiu aqui no meio do campo? É só isso?
D – Sim. Um avião.
E a caminhonete seguindo a estrada muito lentamente. E eu impressionada com a capacidade dele de reduzir aquela cena, aquele acontecimento numa simples queda de avião, (como se a queda de um avião fosse simples)!!!

H – Danilo aquilo não era um avião! E se fosse uma queda, ouviríamos o barulho da explosão, pessoas estariam correndo para lá (os trabalhadores do campo). Se foi um avião, devemos voltar então. Precisamos ver, ajudar... Mas eu tenho certeza que não foi um avião!
D – Ah, então foi o quê pra ti? Se não foi um avião... Foi uma
nave? Longo silêncio...

Fiquei pensando que objetos não identificados, et's e vida fora do planeta nunca tinham sido a minha praia! Como assim? Até que ser monossilábica, racional, reducionista, ser homem, no final das contas era bem mais fácil! Assim não havia muito o que pensar mesmo. Muito mais fácil!!! Era um simples avião. Muito mais simples! Eu nem vi uma segunda lua no céu. Nem a vi correndo e explodindo no horizonte! Não vi nada!

Epa! Como assim? Eu vi sim, tudo aquilo foi muito real! Não foi um avião, não! Não tinha formato de avião, tinha cor prateada, redonda, com circunferência menor que a lua, parecida com uma lua; tinha luz própria, viva!

Me restava, naquele início de uma nova era, uma ação, uma frase, que conjugo e pratico até hoje: Buscar Conhecimento! Mas não um conhecimento simples, comum; precisava ser um Conhecimento Diferente, afinal, aquilo tudo era muito diferente. Eu havia ficado diferente, e o Danilo, por mais introspectivo que estivesse, eu sabia que também havia ficado mexido com o ocorrido.

Quando voltamos para casa, lembrei de um primo do Danilo, o Alexandre, que era um pesquisador de assuntos, digamos, diferentes do trivial. Então, numa festa de família, estava sentada na cozinha (melhor parte da casa), e mais uma galera, tudo conversando muito alto e misturado, bem típico dos italianos quando reunidos. Eis que chega uma outra prima e fala com o Alexandre sobre uma tal pedra, que ele havia lhe dado, e que a mesma havia se partido. Ela queria saber o que ele achava sobre aquilo, qual seria o motivo da pedra ter se quebrado. Então ele lhe respondeu que provavelmente a pedra havia se quebrado porque, talvez, fosse algo ruim que iria acontecer com ela, tipo uma espécie de "pedra protetora", ou algo assim. Mas que ele iria falar com seu Orientador.

Eu ali, de "butuca", escutando aquele "causo" todo, me deu uma espécie de taquicardia, algo mexeu comigo, em meio a toda aquela falaçada italiana, me meti na conversa (sou metida mesmo) e perguntei o que era aquilo tudo e tal. O Alexandre é um cara grandão (aliás, este é o seu apelido, Grandão) e acho que a paciência dele condiz com seu tamanho. Sendo assim, ele sentou e iniciou uma longa explicação sobre a tal "pedrinha discoide" que ele havia dado à prima. Nisso o Danilo já estava sentado ao lado também, ouvindo tudo bem atento. Fiquei mega curiosa com a tal pedrinha, então pedi para ver, para tocá-la. Ele mostrou a pedrinha dele, quando peguei-a ocorreu algo muito estranho, eu a segurava na palma da mão, minha mão começou a esquentar muito, como se a pedrinha fosse um brasa na minha mão. Devolvi para ele. O Grandão achou estranho, dizendo que isso não era comum. Então perguntei sobre o tal Orientador, quem era, de onde era, do que se tratava. Aí ele falou, referindo um programa de TV chamado "Brasil Verdade" (1997/1999), que passava no período da tarde, onde o Orientador se apresentava e fazia demonstrações de suas habilidades diferenciadas. Eureca!!!!!!

Para minha surpresa, esse cara, o Orientador, curiosamente eu já o conhecia; apesar de eu não assistir TV à tarde, nas quintas-feiras passei a sentar em frente a TV e ficar esperando aquele cara diferente, que fazia fenômenos muito legais e estranhos ali, na frente das câmeras, sem truques. Um cara simples, de olhar humilde, calmo... Um cara que tocou meu coração! Coincidências da vida, ou não, o Grandão me falou de um cara que eu, quieta na minha casa, vinha acompanhando por um bom tempo.

E tudo começou assim, meio simples, meio estranho, meio diferente mesmo. Fui para casa aquela noite e, não conseguia dormir! Estava mexida demais para acalmar, com tantas coisas diferentes, estranhas, que já estavam mexendo comigo há mais tempo do que eu mesma tinha consciência. Fui pensar... e continuo pensando até hoje... segue página ....

VERDADEIRA FACE - Hilda Morais

Caro leitor, é com muita alegria e satisfação, que hoje relato a minha trajetória de existência aqui na Terra.

Como dizia meu sábio pai Ildeu Morais; um dia eu nasci na realidade e adormeci no mundo dos sonhos, nosso mundo. Eu vim para esse mundo pois meus pais Dalva e Ildeu sonharam com uma criança em seus braços. Em suas mentes desejaram o AMOR e tudo que pudesse transformar a vida positivamente neste mundo. Meu pai em suas profundas e sabias palavras escrevia sempre em todas as comemorações natalícias que a minha presença era uma manifestação da energia de nosso Deus, e eu estaria no caminho deles para que seu amor fizesse presente. Em seus corações puros, a luz da manifestação divina chegou para ajuda-los em sua evolução. Muitos foram os momentos de alegrias e prosperidades; juntos aos meus dois irmãos Eduardo e Walter evoluímos e prosperamos.

Essa compreensão e consciência da vida e de quem somos, começou a fazer sentido quando consegui vencer as sombras do passado e voltar a ter uma disciplina mental. Foi após grandes perdas em minha vida e principalmente a transição do meu pai para outra dimensão, é que comecei buscar mais conhecimento sobre a minha existência e da humanidade. Longos caminhos foram feitos em diversas áreas do conhecimento. Mas uma principalmente foi a mais impactante e reveladora de todas. A descoberta da minha verdadeira face.

Após cinco anos de uma longa depressão, principalmente pela não compreensão do ciclo da vida, e da ida do meu pai para outra dimensão; uma busca incessante havia iniciado para poder entender a razão da nossa vida aqui. Uma série de laboratórios vivencias a partir da minha intuição foram acontecendo. O caminho sempre era buscar respostas para aquilo que ninguém conseguia perceber e responder. E a pergunta era sempre, por que? Por que temos que ser assim contidos, falsos e medrosos? Por que temos que seguir as regras impostas e incoerentes de uma sociedade manipuladora. Por que as nossas emoções tem que ser tão direcionadas negativamente, e não podemos ser felizes plenamente?

O que mais me preocupava era com a total negação do outro, igual, pela falta de discernimento e espírito de união. Percebia muita energia positiva indo embora. E o que vinha sempre em minha mente era a criação de um mundo melhor, onde a união somaria a força para transformar a vida das pessoas.

Foi a partir deste momento que minha intuição me levou a algumas viagens de trabalhos de campo. Inicialmente, comecei com uma expedição no coração da Amazônia, e no mesmo ano, fui a uma expedição no continente Antártico. Acreditava que estas localizações pudessem me levar ao caminho do conhecimento que eu buscava.

E foi neste momento que minha vida começou a mudar. Conheci uma pessoa fantástica com uma disciplina mental e conhecimentos que acabaram mudando algumas formas de pensamento e compreensão do mundo. O caminho seria um treinamento de desapegos, estudos e uma forma de comunicação através da telepatia sublimada. Foram grandes descobertas no Continente Antártico e depois de alguns meses, em Brasília. Mas isso tudo foi apenas a preparação para onde eu realmente deveria estar. Finamente eu cheguei onde eu realmente precisaria estar, no paralelo 19. Quando eu me encontrei nesta localização, procurei comunicar com meu amigo; que prontamente disse que já estavam sabendo da minha chegada.

Esse foi o momento mais importante de toda a minha existência. O momento que interagi com a maior fonte de energia. Inicialmente conheci um homem simples mas com tamanho poder energético e determinação. Quando nos conhecemos no paralelo 19 algo fantástico aconteceu. Começamos a rir um para o outro como se já nos conhecêssemos a muito tempo. E ai ele me disse: "O que você quer saber que já não saiba?" Esta pergunta foi lá no fundo da minha mente e acabou desvendando ainda mais quem eu era. Foram muitas alegrias que vivi neste dia, mas principalmente a recepção daqueles que hoje fazem parte de mim. Minha família cósmica.

Foi em novembro de 2012 que a experiência mais fantástica aconteceu. Meus olhos brilharam junto de um grupo de pessoas que se reuniam com um único pensamento e ideias elevadas. Todos estavam em estado de graça e neutralidade. Neste momento a energia suprema veio a manifestar no meio de todas aquelas pessoas. Foi revelador e abriu totalmente nossas mentes para sempre. Uma bola de luz dourada e vermelha com uma longa calda nos banhou e iluminou todo o campinho no qual estávamos. Naquele momento aquela energia havia proporcionado um nivelamento, todos nós estávamos unidos com um único pensamento.

O que mais me marcou naquela primeira experiência foi o sentimento de alegria, paz, amor e o fato de saber claramente que a minha missão era estar com este grupo de dimensionais.

Hoje depois de varias viagens e treinamentos no paralelo 19, e principalmente na região do Mato Grosso do Sul; este grupo evolui, uniu e prosperou. Somos a nova era, a era "DOURADA". Estamos construindo um futuro melhor. Buscamos o despertar do ser humano para sua verdadeira essência. E somos incansáveis na brusca do conhecimento.

Portanto, saibam que a LUZ e o AMOR estão além de nossas visões físicas, mas quando interiorizadas em nossos corações e mente, desabrocham, alcançando as dimensões superiores. Vibração!

ENCONTRO DE OLHARES - Letícia Feitosa e Flávio Brustolin

As experiências diferentes de Flávio começam após os 13 anos de idade. Em viagens com seus pais, onde testemunham luzes no céu.

No caminho para a praia, ao admirar as estrelas, veem um desenho luminoso no céu, que tem o formato de um círculo dentro de um quadrado. No Chile, em plena luz do dia, percebem uma imensa luz penetrar em um vulcão. No Canadá, um objeto metálico e esférico fica parado no céu, onde o mesmo pode fotografá-lo.

Antes dos 13 anos de idade, já nascia em Flávio o anseio pela Arquitetura. Onde elabora uma história em quadrinhos, cujo povoado é guiado por um "prezado arquiteto", que resgata o legado daquele povo, oprimido por invasores que escravizam e acabam com sua cultura. Há neste povoado casas redondas e cúpulas. Coisas semelhantes ao que vislumbraria mais tarde, pois anos depois Flávio faz faculdade de arquitetura e aos 24 anos começa a fazer parte da construção de uma cidade futurista, também com casas redondas e cúpulas.

Durante anos Letícia sentia-se insatisfeita com sua vida, devido aos conflitos familiares. Então frequenta o parque de sua cidade, mesmo sem saber, transmuta os sentimentos de ódio, gerados em sua casa e em sua mente. Na sua vida, existem vários guias com o intuito de fazê-la despertar, por mais que tenha muitas barreiras em sua mente.

Um guia, seu amigo, a encontra durante um período muito difícil de sua vida. O mesmo a cativa, por sua enorme sabedoria e conhecimento, sobre assuntos diferentes. Como o sistema em que eram regidos, também sobre energias, realidades paralelas e vida extraterrestre. Assim faz Letícia despertar a consciência em um curto período de tempo, pois uma enorme curiosidade cresce, fazendo-a pesquisar mais e mais sobre os assuntos. Quando então, no parque contemplando as estrelas, observa uma luz movendo-se rapidamente, desacelerando e sumindo, ficando mais intrigada sobre as coisas que seu amigo dizia.

As experiências de Flávio continuam aos 21 anos de idade, desta vez com amigos. Em uma viagem pela costa sul da Austrália, todos puderam avistar quatro luzes que se movem rápido e bruscamente, com curvas de noventa graus.

As coisas que ocorrem desde a sua infância, fazem-lhe questionar a realidade em que vive. Fomenta a ideia de existir muitas outras possibilidades no universo. Apesar de ser uma pessoa privilegiada por sua família e pelas oportunidades que recebe, possui a profunda sensação de que falta algo muito grande. Tendo o sentimento constante de solidão e interiorização. É então que na Austrália, busca as práticas de reflexão e meditação, onde ocorre um despertar maior de consciência.

Após algumas mudanças domiciliares, Letícia finalmente decide morar sozinha, antes mesmo dos 18 anos. Batalha para sustentar sua própria casa, só para ter a liberdade de espírito e amor que sempre sonhara. Sua vida transformava-se drasticamente após cada conflito, então decide ela mesma, mudar tudo para melhor. Busca praticar meditação e hábitos saudáveis, como uma alimentação melhor e continuar fazendo esportes, já que sempre foi ativa desde a infância.

Mesmo sem se dar conta de que sua avó é sua mais importante guia, Letícia traça os mesmos caminhos. O interesse por viajar cresce, anseia pelo contato com a natureza, e a liberdade do sistema. A partir de então busca a conexão com o seu "Eu Superior". Seu maior exemplo de vida é "sua velha", que é direta e espontânea, viaja pelo mundo e não tem medo do que pode acontecer.

Ao regressar para sua cidade natal, a busca interna e externa de Flávio teve uma maior expressão. Questiona as religiões, por não sentir verdadeira conexão nas histórias contadas. Assim, ingressa em uma pesquisa incessante através de filosofias diferentes, por exemplo, o espiritismo, que gradativamente vão ampliando sua visão do mundo físico para o espiritual e dimensional. Percebe conexões e semelhanças entre elas, reforçando uma origem em comum.

Com o passar do tempo, fica ainda mais intrigado sobre os acontecimentos diferentes que ocorrem em sua vida. Somado a insatisfação de viver em um sistema corrupto, que se torna cada vez mais alienante e opressor. Como em uma verdadeira escravidão camuflada e de proporções gigantescas. Também nutre um profundo desejo de buscar a vida eterna. Assim começa a pesquisar sobre muitas outras coisas.

A criatividade passa a ter papel especial na vida de Letícia, depois que se dedica ao desenho e pintura, decide então trabalhar como tatuadora. A vida se torna mais colorida com a arte. Fazendo o que realmente gosta e tendo tempo para apreciar as coisas belas da vida, Letícia se torna mais centrada em busca da paz de espírito e sabedoria.

Certo dia encontra um "hippie", com quem se relaciona. Que ao longo do tempo, vai lhe ensinando a fazer artesanatos. Como possui grande facilidade em aprender algo novo, pega tudo muito rápido, sempre com perseverança em fazer o que planeja em sua mente. Assim, fez-se um novo "hobbie". Certo dia, Letícia recebe uma mensagem mental, dizendo que ele seria "somente um guia", mas sem entender o que significava exatamente. Até escreveu uma carta a ele, citando isto. Logo após surge a ideia de irem fazer um "mochilão" pelo sul do Brasil. Vai sem hesitar ou até mesmo planejar.

Passa por diversas praias, mas o Vale da Utopia é o local mais marcante. Acontecem várias coincidências. Uma delas é reencontrar um casal já conhecido de seu parceiro, que no passado lhe ajudou e agora precisavam de ajuda. O casal, coincidentemente, interessava-se sobre assuntos ligados a origem e energias. Onde ajudam a traçar e reformular novos e velhos conceitos na vida de Letícia.

Um enorme crescimento acontece para ela no Vale da Utopia. Medos veem se transformando em vitórias e batalhas diárias se tornando troféus. Durante dois meses de caminhadas pelas praias, uma fortificação física e espiritual lhe foi proporcionada.

O que desencadeou a busca de Flávio por um grupo diferente foi, alguns incidentes marcantes e fantásticos, junto com a sincronicidade com que os fatos ocorreram. Durante uma viagem, pensa em relatar sobre um fenômeno que viu em sua infância. Então, surge uma luz parecendo uma estrela cadente, porém mais intensa e próxima do chão, fazendo-os ficarem estupefatos. Depois de relatar todo o sincronismo, observa uma luz andando no céu e fazendo o retorno em direção oposta. Logo após, duas luzes em diagonal andando juntas, surpreenderam-no mais ainda. Já em casa, fascinado pelos acontecimentos, escreve um relato intrigante sobre tudo o que ocorreu.

Dias depois, lembra que uma colega de faculdade havia falado sobre um personagem enigmático, vindo de outro planeta, que seria muito conhecido por estar em uma determinada região do Brasil. Decide pesquisar mais sobre ele, o que o leva a encontrar um grupo, o qual faz pesquisas afundo sobre diversos assuntos. Evolução, saúde, bem-estar, entre outros. Com direcionamento de "parceiros especiais". O mesmo fica admirado por este grupo já ter tanto conhecimento, inclusive com apostilas esclarecedoras e pontuais sobre suas ocorrências. Também por estarem construindo uma cidade do futuro, com pirâmides, casas redondas e cúpulas, como em sua história em quadrinhos.

Durante a viagem, a interação com a natureza, o mar, o sol e a lua, deixam os momentos mais lindos e prazerosos na vida de Letícia. Mesmo sem o conforto de deitar em uma cama, tomar banho quente e fazer refeições dignas. Porém, tudo vale a pena quando a mente está serena e contemplativa, em meio à exuberância da natureza. Após dois meses, recebem um convite e vão para a casa de um curandeiro da região, onde vivem durante um mês, aprendendo muito com a convivência entre seis pessoas.

Após um mês, decide voltar para sua cidade de origem. Depois de caminhar por dois dias cerca de 26 km, com mochila de aproximadamente 16 kg, a avó de Letícia envia-lhe dinheiro para a passagem de retorno. Já em sua cidade, com uma enorme potencialização vivida junto à natureza, que durou três meses, Letícia está sensível às vibrações e frequências. Conseguindo captar coisas jamais sonhadas por ela. Como intuição e percepção da incompatibilidade de seu parceiro. Então tem o forte desejo de voltar a morar na casa de sua mãe.

Dias antes de voltar para a casa, caminha para espairecer a mente, sem relutar, anda praticamente os extremos da cidade. Já que a viagem proporcionou-lhe um bom condicionamento físico. Na caminhada, sente um desejo enorme de passar na feira Vegana que ocorria ali perto. Na noite antes de mudar de casa, recebe várias mensagens mentais, que a fazem ter certeza de que aquilo deveria de fato acontecer, outra transformação estava por vir.

Não tendo dúvidas, Flávio vai conhecer a principal sede deste grupo no qual pesquisou, situado próximo à cidade de Corguinho. Decide mudar-se para ajudar a construí-la. Vivendo neste local, rodeado por morros, se sente repleto de paz interior, vigor e plenitude. Ainda assim sente a necessidade de transformação externa, pois de nada adianta adquirir conhecimento, desenvolver habilidades, sem ter o contato direto com a população, vivenciando e praticando novos desafios. Além de estar solitário e ansioso por uma parceira que o complemente em seu desenvolvimento.

Assim, muda-se para a capital próxima, interagindo mais com a população. Mesmo estando inquieto, por estar longe da natureza, sente que logo estará próximo de alguém que acrescente em sua missão. Este grupo, no qual Flávio havia ingressado, faz reuniões regulares. No mesmo dia em que ocorre um dos encontros, acontece também a feira vegana. Sente a intuição de logo após a reunião, passar na feira, mas surge uma dúvida, pois neste momento está sozinho e não conhece ninguém.

Todos os acontecimentos na vida de Letícia são determinantes para que ela tenha mente aberta, busque novos horizontes, sem medo de mudança. Tendo determinação para fazer o que é preciso. Então, logo decide vender alguns alimentos e artesanatos. Ao receber uma mensagem mental, de que "iria encontrar uma pessoa na feira e teria um relacionamento longo", comenta com sua avó do fato que estava prestes a ocorrer.

Com as motivações e pensamentos positivos, Flávio comparece à feira. Na qual é a terceira exposição de Letícia. Flávio que ao conversar com uma pessoa ao lado dela, fala seu código verbal, "o jovem das Estrelas", e então os olhos dos dois se encontram instantaneamente, pois Letícia fica intrigada ao ouvir este nome inusitado, que há tempos pesquisara.

Sempre conversam sobre formas de se libertar do sistema, alimentação correta e outros assuntos diferentes. Remetendo a lembranças de que, quando Letícia trabalhava em um estúdio de tatuagem e ao fazer uma viagem próxima à Corguinho, ouviu falar de um grupo de pesquisas. Mas nunca havia visitado, pois tudo ocorre em seu tempo certo.

Os dois fazem um passeio até a cachoeira próxima da cidade, com um casal de amigos. Ao pararem para admirar o pôr-do-sol e praticar Yoga na beira da estrada, contemplam as estrelas e observam uma luz saindo da estrela Alnilan na constelação de Órion, a estrela do meio dentre as conhecidas "Três Marias". Isso enquanto conversavam sobre as três pirâmides do Egito.

Flávio então leva Letícia para conhecer este grupo, que fica maravilhada pela paisagem exuberante da cidade futurista e também suas pesquisas relacionadas a tudo o que os dois sempre sonharam, principalmente sobre relações interpessoais e percepções extrassensoriais.

Tendo intuições e sentindo que são "Almas Gêmeas", resolvem se casar. Fazem várias viagens e treinamentos ligados ás percepções e interações com a natureza. Somadas as energias de duas polaridades com as missões complementares, tudo é potencializado. Assim, caminham juntos rumo à evolução, harmonia e sincronicidade. A cada atividade, ocorre uma conscientização e ressonância maiores em suas vidas, pois trabalham juntos para despertar suas memórias cósmicas e habilidades.

Durante uma importante atividade de campo com o grupo, onde o grande foco foram as informações e treinamentos para que todos se mantenham dentro do equilíbrio. No tripé; emoção, saúde e prosperidade. Decidem no final das atividades, subir em uma pirâmide da cidade futurista, visualizando do último andar a constelação de Órion, com suas três estrelas, perfeitamente alinhadas com a janela. Surge então, uma luz vermelha no céu, que acende em movimento e logo apaga. Inspirando-os mais ainda, para que façam programações e mentalizações positivas para o futuro.

Então, remetem as lembranças dos acontecimentos na cachoeira, onde tudo se iniciou, e na historia exemplar de um casal centenário do grupo, que está junto há muito tempo. Cheios de vigor, saúde e sabedoria, vivendo intensamente a cada dia, apesar da idade cronológica, mas fisiologicamente como se fossem adolescentes.

Após refletirem que, apesar das grandes experiências pontuais, relacionadas aos fenômenos, o maior aprendizado está no sincronismo e soma dos pequenos sinais cotidianos. De pessoas e fatos simples que passam em nossas vidas. Conectando passado, presente e futuro. Instigando-nos sabedoria, discernimento e evolução, para desenvolver ainda mais a consciência do conhecimento absoluto.

EXPERIENCIAS: Adriane Flávia dos Santos Seidel

Sempre fui uma adolescente normal, mas ao mesmo tempo me sentia estranha. Sentia uma saudade absurda de algum lugar, mas não sabia de onde, mesmo estando rodeada de amigas.

Na minha busca para descobrir o motivo desta saudade e angustia, conheci um grupo de pessoas que sentiam a mesma saudade que eu e, me indicaram um local especial em Corguinho, Mato Grosso do Sul – paralelo 19 – Sul.

Decidi conhecer o local e lá tive várias experiências/descobertas marcantes na terceira dimensão, em momento nenhum no astral ou por uso de qualquer substancia química. Digo a vocês que vale a pena conhecer, pois vivemos experiências maravilhosas individuais e coletivas.

Em um dos encontros do grupo, vivenciei uma maravilhosa experiência de ver fisicamente um dos parceiros, onde foi entregue um artefato potencializador a um dos participantes para que fosse ingerido, ao ingerir o artefato, conseguimos visualiza-lo internamente, deixando o participante todo fluorescente.

Esta é somente uma das muitas experiências vividas por mim....

Ah!! lembra-se da saudade? consegui descobrir o motivo...

Convido você que esta na procura de respostas, para que venha até o local, espetacular e, descubra as respostas para todas suas perguntas. Busquem Conhecimento!!!

SEU NOME - Maria Salete Campiol

Antes que o mundo acabe,
Tire os sonhos do cofre.
Enquanto o mundo grita,
Você pode ainda.
Há um milagre à vista.
Convide sua luz para um passeio,
Passeie pela ciência,
A vida é líquida.
Deslize sem tocar a margem,
Contorne sua alma.
Desenhe no eterno!

Capítulo II

"O Cara"

VIAJANTE - Maria Elizabeth Olendzki

Nas fronteiras da imaginação existe aquele que é considerado "viajante". Ele viaja além do que qualquer pessoa deseja ir. Viaja numa velocidade acima da luz, baseada no desejo, na vontade e no pensamento. Alcança lugares inimagináveis. Vê paisagens utópicas, de ficção até. Consegue atingir outras realidades noutras dimensões. Vai seguindo sempre, sem medos ou constrangimentos, simplesmente segue em frente. Nesta jornada vai interagindo com outras consciências, deixando um salto evolutivo por onde passa. Depois de encontrar o "viajante" ninguém consegue ser o mesmo. Sempre fica um legado.

Com o passar do tempo, cada encontro com o "viajante" faz com que a pessoa transforme o Universo em seu limite. Fica buscando outros horizontes, seguindo a trilha do "viajante". Muitas pessoas o conhecem como "O Viajante das Estrelas". Aquele "cara" que vai onde ninguém jamais esteve!

O INÍCIO – Cleide Nagem Vasconcellos

Minha história começa, quando minha prima me chamou para ver um cara na TV. Quando o vi, tive a certeza de que o conhecia há muito tempo, só não lembrava onde. Era-me familiar demais. Fiquei intrigada e disse: preciso vê-lo, de perto...

Então, fomos à palestra dele, na cidade de São Paulo, no clube dos Japoneses, na Vila Mariana. Chegando lá, por volta das 21hs, já havia muita gente no recinto e nós ficamos para a segunda sessão, pois um primeiro grupo já havia se formado.

Quando entrei no salão, o vi perto da janela, de perfil, conversando com uma garota. Ele estava vestido com uma camisa branca e de todo o seu peito saíam raios de luz verde neon. Falei comigo mesma: isso deve ser algum tipo de show, como o Elvis Presley gostava de apresentar.

Em seguida, ele ajuntou o segundo grupo, organizando em círculo e eu fiquei numa posição entre o palco e o banheiro. Toda vez que alguém se dirigia ao banheiro, eu me levantava e fechava a cadeira, para permitir a passagem.

Quando "o cara" se dirigiu ao palco, eu me levantei e... Cadê as luzes?... Nenhuma! A camisa estava impecável! Que coisa esquisita!

Depois da palestra, algumas luzes do salão foram apagadas e ele veio até nós, passando um dos dedos dele, nas mãos de cada um dos presentes e deixando uma luzinha de cor verde.

Muito curiosa, eu o segui para ver mais de perto, pois achava que era "bumbum" de vagalume que eu, quando criança, arrancava e passava na mão, para ficar um pozinho verde e brilhante. Não era! A luz bailava nas mãos das pessoas e, depois, também na minha. Parecia que a luz tinha vontade própria. Dali a pouco, a luz sumiu e ele disse: "esfreguem as mãos que ela volta"! Dito e feito: ela voltou! E ele completou: "passem aonde vocês tiverem dor"...

Na sequência, ele repetiu todo o processo. Só que, desta vez, dizendo que era para que nós pensássemos em uma fragrância, um perfume do nosso gosto e, conforme ele tocava nas mãos dos presentes, muitos sentiam o cheiro, de acordo com desejo.

Porém, eu havia pensado no cheiro de canela, mas após ele passar por mim, eu não senti cheiro algum! Eu disse: moço, aqui não teve cheiro nenhum! Por favor, volte aqui. Ele voltou e tocou na minha mão novamente e nada aconteceu! Eu disse: Não tem cheiro! Ele respondeu: "então, deve estar com outra pessoa"... E foi se... Eu, insatisfeita, falei mal bem baixinho, quase sussurrando: "picareta"!

Alguns minutos depois, vi alguém se dirigir até a mim e me levantei. Para minha surpresa, era ele, se encaminhando até o palco. Ao passar por mim, quase desmaiei de tanto perfume que se exalou. Parecia que ele tinha derramado na cabeça, todos os perfumes de flores que existem, inclusive canela! Imediatamente, eu perguntei às pessoas do meu lado: vocês estão sentindo esse cheiro forte de perfume? Ninguém havia sentido! Somente eu! O cheiro ficou no ar por um bom tempo, como a me dizer: acredita agora? Segue página .....

UM HOMEM DIFERENTE - Cris Tessarini

Conheci um novo jeito de olhar o mundo em 1997, quando vi na tv, um homem, que não me parecia estranho. Simpático, sorridente e muito seguro de si . Ele falava coisas que me faziam arrepiar. Falava sobre discos voadores, seres dimensionais, seres de luz. Enfim, falava minha língua. Eu queria saber mais sobre esse homem e mundo dele.

Fui à busca. Hoje somos amigos. Ele é amigo de todos, de todos os diferentes. Diferentes mas não como ele, porque ele é especial. Tem uma missão especial.

Em Maio de 1998, haveria um encontro de pessoas assim, cheia de vontade de mudar o mundo, de saber as verdades, de curar a humanidade. Me matriculei neste curso e nunca mais saí. Mas já não é mais curso, é treinamento. Três dias antes da data marcada do evento, numa tarde, quando ia anoitecendo, vi uma luz vindo em minha direção, no céu, não muito alto. Parecia uma estrela. Por acaso, eu estava com a filmadora ligada. Então filmei essa luz.

Por um momento achei que poderia ser um avião, mas quando vi a gravação, me surpreendi. A luz fez um movimento de 45°. Tendo como referência um muro, não tive dúvida. Não era avião.

Levei essa gravação no curso e foi constatado ser uma sonda.

Sonda ? o que é sonda ?

Sondas, energéticos, GNA, frequências de onda, Alma Gêmea, fragmentos, partículas, ciências paracientíficas!! Uma nova realidade se abria pra mim.

Ah, voltando à luz ou sonda, isso foi uma confirmação, de que eu estava no caminho certo.

No final deste mesmo ano, fui conhecer o ponto mais especial do planeta. Um morro, numa fazenda, na região de Corguinho/MS, fica no paralelo 19, a mais de mil km de onde moro. Nada descreve a sensação da chegada. Nada.

No mesmo dia, depois de uma forte chuva, subimos um outro morro, este menor, mas misterioso.. Essa subida é a pé. Lá em cima, eu e minha irmã , vimos uma pessoa de capuz, desaparecer. Muito tempo depois é que tomei conhecimento de que se tratava de um outro Amigo diferente. Este vindo das estrelas. Um menino das estrelas. Nosso parceiro.

Passamos por momentos ali, que naquela época, me gelava a barriga.

Pense em um mundo como o de conto de fadas. Foi assim que me senti. Mas é tudo verdade.

Em 2010, vi pela primeira vez esse menino das estrelas. Vimos. Minhas filhas também viram. E ouvimos e conversamos. Não só nós, estávamos em 77 pessoas nessa ocasião.

Essa não foi a única vez, nem as únicas pessoas. Temos muito pra contar.

Esse grupo de diferentes se reúne sempre, para ouvir aquele homem que hoje é um grande líder. Ele nos orienta, nos ensina e nos prepara para os encontros com o Menino das Estrelas, que também nos ensina muito. Nos fala de outros mundos de arqueologia, de alimentação de consciência e falta dela.

Raúl Seixas já dizia a esse homem, sorridente repetindo sempre: Basta ser sincero e desejar profundo. Você será capaz de sacudir o mundo.

Então, se você se sente diferente nesse mundo sem noção, busque conhecimento. Palavras de um menino de mais de 4 mil anos. Peça ao seu Eu Superior. Ele te direcionará ao grupo dos diferentes.

Você conhecerá um homem que com uma determinação e firmeza sem igual, lhe mostrará um caminho. Queira !!!

O DIFERENTE - Maria Bernadete de Oliveira Martins

Desde pequena sempre fui curiosa querendo saber sobre os mundos e ficava olhando o céu com meu pai, para vermos os discos voadores.

Um dia, meu pai disse que no Brasil existia um rapaz que entortava garfos, quebrava pratos e , que o nome dele era pouco conhecido.

Passados muitos anos vim a encontrar esse rapaz. Esse me disse que deveria ter uns 14 anos quando meu pai comentou o fato. Nunca esqueci.

Esse "cara", uma vez ficou transparente na minha frente, a gente via os ossos e a vascularização, chegou a ficar de várias cores. Pode?!!!

A partir dai, comecei a procura pelo até então, desconhecido.

Tive muitas experiências, principalmente com amigos de varias dimensões, que te passavam informações sobre alimentação e de como melhorar o mundo.

Brincam, falam sério, orientam....

MENINO DAS ESTRELAS- Dalma Coutinho

Eu já não consigo me lembrar de se era tarde ou noite, mas era numa sexta feira do ano de 2008 e meu irmão chegou da fazenda, para passar o final de semana em casa, ele trabalhava com o sogro dele fazendo umas casinhas engraçadas do teto redondinho que dizia que suporta qualquer catástrofe que venha acontecer no mundo, lá para o lado de Corguinho; o fato é que quando meu irmão chegou ele não veio de mãos vazias, dessa vez ele trouxe um livro.

- Aaaah! Livros? Adoro livros, e eu muito curiosa fui perguntar que livro era aquele, ele não me deixou ver disse que ia ler primeiro e depois me emprestava.

-Aaaah! Mas, na primeira oportunidade eu peguei dele, e lá estou eu lendo o livro, o autor do livro era um cara que se dizia diferente, diferente? Mas diferente como? Eu, muito curiosa, comecei a ler, pagina por pagina, e lia aquela historia diferente de todas e de todos os livros que já tinha lido ate ali.

O cara era mesmo diferente, falava de um lugar diferente, de um universo diferente, recebia informações diferentes e muito especiais de um belo garoto das estrelas, mas que para mim era muito tudo normal, e eu queria conhecer esse cara diferente e esse garoto das estrelas.

- Poxa um garoto das estrelas, que máximo! Foi ai que percebi que sou diferente também, e eu quis conhecer esse lugar, e as pessoas que tinha lá, mas demorou um pouco para chegar ate lá, mas foi no ano de 2014 numa manhã que conheci aquele lugar diferente e mágico, aquele lugar que você não quer sair mais, e eu não sai mesmo (rsrsrs).

Hoje tenho muitos amigos diferentes, igual a mim, inclusive o "cara" diferente. Que construiu aquele lugar para receber todos os diferentes iguais a nós. Somos um grupo com muitas pessoas com o mesmo ideal, e com muitas habilidades, estudamos mundos paralelos, civilizações antigas, ciências paracientíficas, é o lugar mais precioso para se encontrar e se estar.

O ENCONTRO COM O DIFERENTE – Hellena Costalunga

Vivemos num tempo tão corrido que, por mais atentos que possamos ou queiramos ser, nosso cérebro não dá conta, ou melhor, nossa consciência, não dá conta de registrar tantas informações ao longo do dia, das horas, dos minutos... Muitas coisas passam desapercebidas mas, algumas, por razões diversas, acabam sendo registradas. Então, para falar do encontro com o Orientador, não tenho como subtrair memórias significativas que antecederam o momento.

Num tempo bem passado, quando eu trabalhava numa empresa lá em Porto Alegre, pelos idos de 1996/97, eu sempre passava pela rua Lima e Silva, no bairro Cidade Baixa, da capital gaúcha. É uma rua bem boêmia do referido bairro. Pela manhã, quando passamos por lá, ainda hoje, podemos ver resquícios das noitadas gaúchas. Então, seguindo meu trajeto para o trabalho, por esta rua, olhando pela janela do carro, de tempos em tempos, surgiam umas plaquinhas de metal, pintadas a mão, fixadas nos postes da rua, com a seguinte frase:

"Em breve Ele voltará."

"Em breve Jesus voltará."

Eu lia estas frases e pensava: Pobre Jesus se voltar! Imagina o que não farão com ele? Se na história que nos foi passada, acabaram com ele, sem dó nem piedade, imagina agora, neste caos em que vivemos? Tadinho dele!!!

Obs.: Só para informação do leitor, não pratico nenhuma religião; nunca acreditei em santos; fiz catequese e primeira comunhão por imposição familiar, e nas aulas de catequese, deixava a freira/professora de cabelos em pé, isto lá por volta de 1977. Eu dizia que Jesus tinha casado com aquela mulher que havia sido apedrejada, a tal da Madalena! Que tinha tido filhos, que a Madalena estava na Santa Ceia e que Judas era "o amigo" de Jesus! A freira queria minha cabeça nas aulas, por muito pouco, não fui expulsa!

Muito bem, seguindo a narrativa, buscando por muito conhecimento diferenciado, o Grandão me levou num seminário, em 1997, pois então eu teria oportunidade de conhecer aquela "cara" que eu assistia na TV, que era o mesmo Orientador, e onde teria oportunidade de esclarecer aquela Lua, que o Danilo dizia ser um avião... Contei os dias para este encontro!

Chegando lá, sentamo-nos, Danilo e eu, numa sala grande, lotada de gente e ficamos aguardando a chegada do "cara". O tempo custando a passar...
De repente, do nada, vejo uma luz dourada passar pelo corredor de acesso ao púlpito. Eu estava sentada bem próxima à passagem, Danilo na ponta e eu, portanto a luz passou quase ao meu lado. Fiquei olhando aquela luz passar... Perguntei para o Danilo:

- Tu viu aquela luz passar? E ele responde:
- Que luz? (Ah, eu insisto na concretude masculina!!!!).

A luz chegou ao púlpito. Logo em seguida, vejo "o cara" passando ao nosso lado, o Orientador que o Grandão havia falado, que eu havia assistido a tantos programas! Então, como pode? Que luz fora aquela que passara antes? Como assim? Os pensamentos fervendo na minha cuca. Minha razão me dizendo que eu havia enlouquecido! Nada fazendo sentido... O cara começou a falar e eu não conseguindo me concentrar em nada. Tudo muito estranho. Tudo muito diferente!

Este foi meu primeiro contato físico com o Orientador, o "cara" maluco, e depois de muito pensar, na minha loucura insana, juntando todos os fragmentos de mim mesma, cheguei a uma conclusão muito simples: se aquela luz dourada, que havia passado por mim, mais aquele "cara" que chegou depois da luz, mais aquelas plaquinhas na rua que anunciavam a chegada do Homem... E antes, naquela estrada, aquela Lua que explodiu no horizonte... Tudo isso junto, bem misturado, parecia fazer um sentido só, ainda que só para mim. Aquele "cara" diferente ali, só podia ser Aquele Homem que voltaria um dia. Ele estava ali, falando, com uma simplicidade inigualável.

- Aqui quero deixar bem claro que, diante desta constatação tão minha, tão particular, faz-se necessário registrar minha total falta de fanatismo religioso, pois lembre, caro leitor, referi nunca ter feito parte de nenhuma religião, não acreditando em santos ou assemelhados.

Então, assim se deu o meu encontro com o inusitado Diferente. Tudo muito simples, só que não! A vida é feita de momentos marcantes, e este, sem dúvida, foi um deles, que marcam para sempre! Segue na pagina ....

MUNDOS PARALELOS – Paula Ferreira Campos

Meu nome é Paula Ferreira Campos, tenho 50 anos e atualmente moro no interior do Mato Grosso do Sul. Tudo começou no mês de agosto do ano de 1997.

Desde criança sempre gostei de ir ao Planetário, no Parque do Ibirapuera, na cidade de São Paulo. Dizia que eu queria voltar para a estrelinha e apontava para a projeção do céu estrelado que se apresentava. Fui crescendo e sentindo um vazio no meu peito, uma saudade não sei de que... Tinha poucos amigos porque além de ter uma alta miopia e ser chamada de quatro olhos, fundão de garrafa, etc.; também ficava muito isolada de todos.

Foi então que em 1997 ouvi falar de um lugar no estado do Mato Grosso do Sul numa cidade chamada Corguinho onde existia um grupo que também gostava de olhar para o céu e lá perto ainda tinha uma comunidade de quilombolas. Este grupo fica onde está o Paralelo 19, que está 19 graus a norte do plano equatorial da Terra onde existe uma grande ressonância vibratória.

Creio que é por isso que aparecem muitas luzes no céu neste local assim como acontecem fatos incríveis!!! Senti que precisava conhecer este grupo que era composto por pessoas "diferentes" como eu. Sim, porque eu me sentia uma extraterrestre rsrs. Sabe aquela sensação de que nada satisfaz você, de que você se sente um estranho no ninho e de que você não veio neste mundo à passeio? Era esta mesma que eu tinha. Então comecei a procurar...procurar até que encontrei e em outubro fui para o município de Corguinho-MS. Cheguei numa fazenda onde o grupo se reunia. E que grupo grande! Tinha gente de tantos lugares! Várias cidades do Brasil e até de outros países. Fiquei impressionada! Como todo grupo tem um líder, este grupo também tinha um que era um cara legal. O "cara", meio franzino, magrinho com as orelhas um pouco abanadas como as minhas. Um "cara", bem simples e brincalhão. Uma alma de criança. Ele não parava. Andava de lá para cá o dia todo e ainda a noite tinha tempo para conversar com o grupo. Quando este cara falava parecia que eu estava fazendo uma viagem ao conhecimento! Nossa! Quanta informação preciosa! Minha cabeça parecia um computador que não parava de registrar arquivos mais e mais.

As pessoas que faziam parte deste grupo eram de várias crenças religiosas e filosofias e se respeitavam sem querer impor às outras o que elas deveriam seguir.

De onde viemos? Para onde vamos? Quem somos? Despertei!!! Encontrei estas respostas neste grupo que participo há 19 anos da minha vida. Coisas incríveis acontecem nesta fazenda com este grupo! Percebi o quanto não sabemos e o tanto de conhecimento que aprendemos de maneira errada. Sim, errada mesmo! Estamos acostumados a aceitar tudo o que falam como sendo verdade sem sequer buscar o conhecimento e nos deixamos ser manipulados inconscientemente. Precisamos ter uma mente aberta para uma nova visão da realidade!!!

Neste grupo temos outro "cara", um amigo das estrelas que tem transmitido muito conhecimento sobre a saúde, alimentação, ufologia e até arqueológicos. Através de pesquisas sobre as civilizações antigas desvendamos o passado para entender o futuro. Quanta tecnologia boa! Como é bom saber que não estamos sozinhos neste planeta! Que temos um compromisso, uma missão e não estamos neste mundo à passeio, né? Este nosso amigo das estrelas ama muito a Humanidade e se preocupa com cada pessoa. Quer ver as pessoas felizes com uma alimentação mais equilibrada sem químicas e conservantes, quer ver as pessoas mais bonitas, rejuvenescidas e quer ver as pessoas niveladas financeiramente. Ele é muito bonito, charmoso e muito jovem e por isso deseja ver o nosso grupo com gente bem bonita por causa das orientações dele. Aliás, as orientações dele é para conseguirmos uma melhor qualidade de vida. E como são impressionantes estas orientações! Elas ultrapassam os conhecimentos da Ciência. Dá para imaginar isto? Eu e meu marido vivenciamos muitas conversações com o amigo das estrelas que por varias vezes orientou o grupo com preciosos ensinamentos. Em todas elas ele fala o seguinte: "Busquem Conhecimento!!!"

Vivenciamos avistamentos que faziam vibrar o corpo inteiro. Vivenciamos momentos inesquecíveis!!! Realmente não podemos negar a existência de mundos paralelos!!!

Enfim, não podemos deixar de Buscar Conhecimento, porque é através desta busca que vamos despertar, evoluir e descobrir que somos seres divinos e superpoderosos!!!

DIFERENTE DOS DIFERENTES! - Ismael Trindade

"Não é que você seja diferente, mas é que ninguém consegue ser igual a você". (Shakespeare)

Eu não tenho e nunca tive, de fato, nenhuma religião, embora tenha sido batizado no catolicismo, quando neném. Eu não tive escolha, o que acontece até hoje na nossa sociedade. No entanto venho declarar que sou cristão e acredito e tenho certeza da existência de Deus, a Grande Luz Central, a Fonte Suprema, como falam nossos Parceiros, o Deus primordial, e não aquele Deus da Bíblia, vingativo e que matava sem piedade, conforme consta desse livro sagrado, deixado para gerações futuras, que pesquiso e acredito com ressalvas, por ter sido muito manipulado! Declaro que não tenho vergonha de dizer que não me afasto do Cristo por nada, aquele que conhecemos por Jesus. Estou sempre conectado à Fonte de onde saí, da qual sou parte!

Inclusive por falar em Jesus, eu ouvi num encontro na Fazenda, quando perguntado o porquê do seu afastamento por alguns meses, um Ser de Dimensões Superiores responder que Ele esteve trabalhando em outros planetas e em outras galáxias, e que lá existem Seres mais evoluídos do que nós, iguais, menos evoluídos, e até mesmo na fase primata, mas que lá todos têm o Cristo no coração, aquele que conhecemos como Jesus!

Embora não tenha religião, venho dizer que sou espiritualista, porque entendo que a principal evolução do homem é a espiritual, porque somos Espíritos, por excelência, onde está a verdadeira consciência em relação ao Cosmos, à Consciência Única, embora sejam o mental e o emocional, não menos importantes, porque também fazem parte de nossa evolução, como um todo.

Eu sempre fui muito curioso com assuntos ocultos, como vida em outros planetas, extraterrestres, paranormalidades, poder mental, etc. Sempre acreditei em vidas em outros planetas e desde criança fui atraído pela beleza do Céu, quando, à noite, deitava numa esteira eu apreciava e contava estrelas!

Sempre senti um vazio dentro de mim, e sempre pensava que alguma coisa diferente aconteceria comigo, até que por volta de 1998 algo estranho começou acontecer e me deixar curioso. Nunca estive preocupado com o Fim dos Tempos, como fala a Bíblia, mas eis que comecei a ter sonhos repetitivos com o fim do mundo durante um ou dois anos! Eram semanais ou mensais.

De fato, eu sonhava que o mundo estava acabando em fogo, o que me deixava muito agitado porque eu corria a procura de minhas duas queridas filhas, Bárbara e Karina. Enquanto eu corria a procurá-las, eis que Jesus aparecia no Céu, de braços abertos, momento em que eu acordava aliviado do pesadelo. Após muitas repetições, e tudo igual, eu comecei a pensar: Será que eu tenho alguma missão com igrejas? Ao mesmo tempo eu pensava também: Como, se eu não sinto atração por religiões? No entanto, eu achava e ainda acho que as igrejas fazem um bom trabalho para quem precisa delas, mesmo porque nem todos têm a sorte de conhecer novas realidades como nós, os Diferentes!

O curioso é que ao conhecer um grupo de pessoas Diferentes, no final de 1999, que até hoje faço parte, nunca mais tive os mencionados e estranhos sonhos. Eu até gostaria que os irmãos das estrelas me falassem sobre aqueles sonhos misteriosos! Conclusão: Hoje eu acredito que aqueles sonhos eram o despertar para assumir a minha missão aqui neste lindo planeta azul.

De fato, eu me encaixei perfeitamente nesse grupo Diferente, e até posso dizer que sou Diferente porque penso e ajo Diferente da maioria dos irmãos desse planeta, mas, por outro lado, sou igual a todos, porque estou também em evolução, como tudo aqui na Terra! Fazemos parte do TODO!

Faço parte desse grupo há 16 anos e farei um resumo das minhas principais experiências até hoje. São tantas as emoções! Esse grupo tem sua sede numa Fazenda, no Município de Corguinho-MS, Paralelo 19, e posso dizer que lá é uma verdadeira Escola de Mistérios, um Laboratório Consciencial!

Com efeito, a começar que na fazenda onde os Diferentes se reúnem, conhecidos como Pesquisadores Paracientíficos, tudo é diferente, até a beleza do lugar e sua localização geográfica, onde existem muitos vórtices de energias. O líder desse grupo é um cara muito diferente, porque faz coisas diferentes que só existem em ficção científica. Esse líder orienta os Pesquisadores com informações especiais que recebem de fontes seguras.

Como já disse, lá é uma verdadeira Escola de Mistérios, porque lá estudamos mundos paralelos, ufologia, arqueologia, civilizações antigas, ciências paracientíficas e até a mais nova ciência, a Ciência Lilarial. Cumpre ainda destacar que na região existe um garoto das estrelas, que diz ser bonito e charmoso, com 25 quilos de puro músculo, que passa orientações impressionantes para todos, e que superam, de muito longe, as da nossa ciência. Um garoto das estrelas!!!

Convém ainda dizer que na citada região os Pesquisadores estão construindo uma cidade autossustentável, que será conhecida como a Pérola do Universo. Inclusive uma pirâmide também está sendo construída nesse local, a qual chamará a atenção do mundo inteiro! Serão nossos legados para futuras gerações!
Segue página ....

Capítulo III

Reencontro

ENCONTRO MARCADO – André Maretto

Meu nome é André Maretto , sou integrante há 12 anos de um grupo de pesquisadores cuja sede fica em Corguinho, Mato Grosso do Sul. Esse grupo é liderado por um homem, o qual possui um vasto conhecimento sobre a Ciência Lilarial , "Ciência das Ondas Moduladoras do Universo". Ele transmite para os demais pesquisadores todo esse conhecimento e treinamento prático para que todos possam entender, vivenciar e utilizar dessas "Ondas Moduladoras" para o avanço nas pesquisas que se referem a todos os setores do conhecimento e da evolução humana.

O que venho relatar aqui não é um acontecimento tão recente, porém foi um dos mais importantes da minha vida e se encaixa nesses mistérios do universo.

Em julho de 2004, morava com meus pais no bairro Santa Mônica, cidade de Vila Velha , Espírito Santo. Em um determinado dia desse mês, estava me arrumando para ir a um grupo de estudos ufológicos que recentemente havia começado a frequentar. Estava ainda em meu quarto colocando o tênis, quando escuto nitidamente uma voz de mulher dizendo: "Estou te esperando". Fiquei impressionado com o que aconteceu mas, continuei me arrumando para ir ao grupo de estudos, sem entender direito o que acabara de ocorrer comigo.

Saí de casa caminhando e, quando chego na avenida que separa o bairro Santa Mônica do bairro Coqueiral de Itaparica, atravessei para a rua de baixo. Andava por essa rua rumo ao local de encontro do grupo de estudos, a rua estava deserta , não passava nem carro nesse dia, por volta de 20h15, o que achei muito estranho porque era uma avenida movimentada.

De repente, um ônibus passa e, logo após o ônibus, um som de estouro que soava como "Poc!" bem alto. Então olho para o outro lado da rua. Uma mulher loura, de mais ou menos um metro e setenta de altura, começa a caminhar em minha direção. Olhei e continuei andando normalmente. Essa mulher chega bem próximo, dá um passo à frente do meu e, misteriosamente, eu começo a caminhar dentro do ritmo dos passos dela como se fosse uma marcha, perna direita com direita e esquerda com esquerda, parecia até ensaiado.

Reparei que os olhos dela eram verdes e toda a íris muito pequena, seus cabelos eram longos e iam até o meio das costas. O fato de ela andar à minha frente e eu estar no ritmo dela, isso me incomodava um pouco, então tentei ultrapassá-la diversas vezes. Mas, quando eu tentava passar pela direita, ela ,sem olhar para trás, também ia para a direita ao mesmo tempo , bloqueando a minha ultrapassagem.

 Ao chegar ao final da rua, ela começou a girar, cantando uma música e apontando para os ouvidos dela com os dedos indicador e médio das duas mãos e assim atravessou uma pequenina ponte que separava uma rua da outra , ainda girando e cantando ,e depois sumiu, desapareceu.. Da extensa canção, apenas uma única frase ficou gravada em minha memória até hoje: " Te espero nas esquinas de qualquer lugar".

APARIÇÃO - Tadeu Leonardo Soares e silva

Era outubro do ano de 2010, estava na minha primeira viagem à fazenda, e no meu primeiro encontro. Os novatos foram colocados em uma região chamada de Cascalhão. Todos estávamos conversando sobre, se tudo o que falavam a respeito daquele lugar no Mato Grosso do Sul, poderia ser verdade mesmo. Tínhamos muita curiosidade e dúvidas, como qualquer ser humano, perante uma nova realidade.

De repente me afastei do grupo, e observei alguns vaga lumes verdes no meio do mato, e para minha surpresa, uma bola verde apareceu voando próximo a mim. Achei muito estranho que aquela bola verde seria um vagalume também, uma vez que, era bem maior. A bola parou na minha frente e se transformou em um homem. Neste momento, fiquei perplexo, pois não havia visto nada igual. Fiquei parado olhando para ele e ele parado olhando para mim. Ele viu que eu não iria em direção a ele e se afastou um pouco, foi quando outro homem apareceu do nada e conversou rapidamente com ele. Em seguida ele correu rapidamente na minha frente, e claramente observei que não era humano, se transformou em uma bola verde novamente, e se foi em ziguezague.

Foi uma experiência marcante, assim como, quando desci da van que me conduzia à fazenda, pois quando olhei para o céu acima de minha cabeça, apareceram aproximadamente 16 naves, que ficaram paradas como que observando! Desde aquele dia, confirmei que tal lugar é incrível e fantástico, além de ser muito bem frequentado.

Esta foi a minha primeira experiência nesta fazenda, localizada no paralelo 19, e até hoje, mantenho contato com tais seres fisicamente, e os considero, como de minha família!

Muito obrigado por tudo parceiros! Busquem conhecimento!

ENTIDADES GALÁCTICAS - Delvair Alves Brito

Um belo dia, li em um panfleto o indicativo de um curso introdutório a Ufologia que me chamou atenção. Em 2009 após o curso fiquei bastante interessada em participar dos encontros do grupo que se reuniam em Corguinho – MS.

Ao chegar ao local, algo muito intenso aconteceu comigo. Conheci o "O CARA" – um paranormal que idealizou um projeto para mudar a vida no Planeta Terra. Um projeto audacioso e gigantesco incapaz de ser mensurado sua totalidade por mentes comuns. Posso dizer um planeta renovado, onde ha igualdade, ética, humanismo e fraternidade.

Uma energia muito forte tomou conta de mim e constatei que essa energia era oriunda de outros mundos que se comungavam com aquele lugar simples e ao mesmo tempo misterioso. Participei das atividades ali realizadas. Entre elas, a principal era caminhar numa trilha em cima do morro. Para minha surpresa, durante a caminhada na trilha, fizemos contato com entidades de outras galáxias.

Na ocasião, fiquei eufórica e a alegria contagiante tomou conta de todos que ali estavam. Depois de nos acalmarmos, solicitamos a eles que ativassem o nosso frontal ou cardíaco para sabermos a distâncias entre nós e, de repente, eles acenderam uma luz vermelha no frontal e depois no cardíaco. Foi fantástico!

Fizeram um show de luzes ao nosso redor num tom verde neon. Voltamos para casa em estado de graça. Ao chegar em Brasília não conseguia parar de pensar em tudo que vi, ouvi e presenciei. A partir de então, comecei a estudar assuntos relativos à saúde, alimentação, toxinas, e a relação de tais tópicos com as orientações passadas pelos seres, de modo a perceber que uma vida saudável é um dos caminhos para o alcance da evolução.

BORBOLETAS - Maria Julia Assumpção

E então me encontrei. Era tarde da noite e não fazia tanto frio, mas parecia que havia algo gelado vindo de dentro de mim, acho que eram borboletas, minhocas, lagartixas ou grilos dentro do meu estômago que me deixavam com essa sensação de arrepio. A sensação era diferente, mas familiar. Olhávamos para o céu e as luzes piscavam e se moviam rapidamente como flashes, mais rápidos que meus olhos pudessem acompanhar.

Era uma noite linda, estrelada, mas essas luzes que se moviam não eram estrelas, nem aviões. Precisava ainda de mais explicações. Aquele era um momento mágico e não era para explicações, era um momento de contato com algo que talvez precisasse ser contatado naquele exato e esplendoroso instante, era algo que eu precisava ter visto que precisava do meu contato também, me sentia única ali vendo tudo aquilo, me sentia exatamente onde deveria estar naquela noite e naquele horário, vendo o que estava vendo e sendo vista ao mesmo tempo.

São essas coisas na vida, que nos fazem entender o sentido de viver. Fazem-nos pensar que passamos tanto tempo sem sentir e vivenciar certas emoções que a gratidão é imediata quando se descobre que você foi beneficiado por um instante, que é tão mágico e valioso, que mesmo durante poucos minutos, ou até segundos, te fazem perceber que valeu a pena esperar e a vida te trouxe ali no exato momento que você estava de fato pronto para ter essa emoção.

As pessoas ao meu lado pareciam sentir exatamente a mesma coisa, olhavam com os olhos de cristal, brilhantes e grandes que mal encontravam o segundo certo para piscar. Alguns deviam ter o mesmo bicho que eu na barriga, pois as mãos estavam na direção como se tentassem acalma-los no estômago. Seus risos se perdiam dentre os de tantos outros que riam, como se o céu fosse um imenso circo de estrelas cantantes. Contagiante a alegria que todos ali presentes vivenciavam, alguns talvez como eu sem entender exatamente o sentido do que se passava, mas o despertar certamente seria para todos nós.

O dia seguinte chegou e não podíamos mais agir como antes, pois agora carregávamos uma bagagem muito maior. Sabemos que nos tornamos responsáveis pelo conhecimento que trazemos conosco e ali estava eu, arrastando as minhas três malas lotadas de ciência, consciência e discernimento e pensando como seria difícil sustenta-las por onde eu fosse. Minhas duvidas do que fazer com tantas informações me tornavam naquele momento uns quilos mais pesada.

Era um grupo unido ao qual eu me juntei, me acrescentei, me adicionei, portanto precisava somar, estar contida e de fato pertencer, enfim queria ser matemática para entrar com todos os meu números e ser biologia para estar completamente celularizada àquele grupo que encontrei, que me encontrou.

Onde estava o líder? Todo grupo tem um, algum? Sim, nesse caso era alguém DIFERENTE, um líder com a liderança embutida em seu EU, alguém nascido e predestinado a conduzir, longe da imagem de um líder tirano ou distante dos seus liderados, simplesmente sendo ele mesmo, com qualidades e defeitos comuns, porém sempre caminhando em função do grupo liderado. Quando o vi, tive certeza que o Universo escolhera "o cara certo".

Nosso líder é como um polvo, um polvo mesmo desses do oceano, nosso líder tem extensões, seus braços e para cada um deles, um "braço direito" seu, são muitos braços, um polvo um pouco inóspito, mas que com suas extensões consegue ter muitas funções e o tornam grande e forte.

Para toda liderança existe uma " luz " que vem de algum lugar, essa luz para nosso líder vem do céu, e de onde mais poderia vir tanta informação? Vem de um Príncipe das Estrelas, um consultor estelar, ele que tanto sabe e tanto vê passa as informações que precisam ser passadas para nosso Líder.

Um lugar onde a força do pensamento tem peso de concretização, onde um príncipe das estrelas manda mensagem por um líder incomum, seguido por pessoas de olhos brilhantes e como eu, com borboletas, grilos ou minhocas no estômago me encontrei. Num lugar talvez distante com pessoas como eu diferentes, na busca do conhecimento e evolução plena. Sinto-me em casa.

FORA DO NORMAL - Natalia Reikdal

Por onde começar? Bom, quando eu tinha apenas 9 anos comecei a frequentar uma fazenda onde tinham muitas crianças, adolescentes, adultos...pessoas de todas as idades! Lembro-me muito bem que brincávamos muito entre meus amigos até cansar e quando escurecia começavam os "trabalhos" com um grupo enorme onde caminhamos nas trilhas tentando contato com seres de outras dimensões, achávamos isso o máximo, e ainda acho! Um certo dia nessas caminhadas apareceu uma entidade da nona dimensão. Ela chegou com um som de uma flauta (encantador), admito que fiquei com um pouco de medo pois era a primeira vez que estava tendo um contato com um ser de outra dimensão...logo ela começou a se mostrar, víamos a silhueta dela, era perfeita, alta, tinha uma voz encantadora (suave), transmitia paz! Num certo momento ela pediu para que o grupo (nós) se juntasse em forma de círculo e que todos olhassem para o chão, nisso começou a surgir uma luz da terra que subia em forma de malha quadriculada verde por todo o nosso corpo! Foi incrível! Logo ela mandou que continuássemos andando que ela nos acompanharia na trilha, conforme íamos andando passavam raios de luz nos nossos pés, algo inexplicável.

Depois disso todos olhamos para o lado e lá estava ela em cima de uma pedra e começou a sumir, primeiro os pés começaram desaparecendo e logo foi subindo até desaparecer por completo. E agora vem a melhor parte, quando estávamos terminando a trilha uma mulher ficava esperando no final dela, com a lanterna acesa. E quando estávamos chegando ela tinha sumido da minha visão e achei estranho e continuamos todos andando e logo percebemos que tínhamos entrado num portal pois quando vimos estávamos no início da trilha novamente! Não podíamos acreditar nisso! Percorremos a trilha duas vezes! Lembro-me da mulher dizendo que quando estávamos chegando as lanternas iam sumindo uma por uma e que ela não entendia o que estava acontecendo. No final todos estavam em estado de graça e em plena harmonia! Inesquecível. Nesse lugar encontro a paz e é onde eu busco conhecimento.

UMA NOITE ESPECIAL - Viviane e Felipe Castelo Branco

Nosso grupo formado por apenas quatro pessoas caminhava sob uma lua majestosa. Estávamos bem cansados, mais de uma hora andando na "trilha do morro", seguindo direcionamento de nossos parceiros, para finalmente termos a nossa primeira conversação com o "novo parceiro".

Caminhadas fazem parte de nossos treinamentos, é quando o metabolismo acelera, nossa carga elétrica celular e nossas ondas cerebrais estão mais ativas, proporcionando o ajuste final de nosso campo biomagnético e corporal, feito diretamente pelos nossos parceiros, para que a conversação verbal, física e cara a cara aconteça. Antes dessa etapa no morro, já havíamos cumprido outras fases de caminhadas que duraram aproximadamente uns dois meses, obedecendo um percurso determinado de mais ou menos duas horas e meia por etapa, por semana. Uma rotina bem cansativa pois o calor e os mosquitos testam constantemente nossa resiliência, mas, com certeza, nosso objetivo vale qualquer esforço e total dedicação.

As conversações com os "parceiros" não são novidades, uma realidade que já estamos acostumados nesses quase vinte anos de treinamento, estudos e pesquisas com o grupo das "49 Raças". Porém esse "novo parceiro" é muito especial e requer um treinamento específico, mais intenso, para se conseguir sustentar uma conversação verbal. Pois esta "pessoa" ou "parceiro" como gostamos de chamar os membros das "49 Raças", advém de uma realidade, de uma dimensão muito mais sutil, apesar de ser sempre uma dimensão física mas que vibra em uma frequência muito mais acelerada do que a nossa e para se conseguir sustentar essa conversação cara a cara, toda essa preparação é necessária.

Além das caminhadas, onde recebemos banhos luz (visíveis ou não) de nossos "parceiros", eles utilizam tecnologias luminosas e artefatos para potencializar nosso campo biomagnético e sincronizar nossas células. Tecnologias da "Ciência Lilarial", a ciência das "49 Raças", como a ativação das bolas de plasma direcionadas para o nosso corpo que atuam como amplificadores e potencializadores de nosso sistema físico/energético corporal para que possamos suportar fisicamente essa maravilhosa interação com Seres de dimensões superiores à nossa.

Portanto, qualquer esforço é superado com muita alegria, foco e determinação.

Voltando as nossas voltas no morro, iluminados por uma lua fantástica e já próximos de umas vinte voltas já completadas na trilha, eis que uma voz feminina nos pede para parar. Eu que estava à frente do grupo pude perceber algumas silhuetas de pessoas dentro do mato (a vegetação pobre típica do cerrado do Mato Grosso do Sul, aliada a forte iluminação da lua cheia nos permitiu ver perfeitamente o que acontecia) a mais ou menos uns cinco metros de distância de nosso grupo. Pudemos ver claramente as silhuetas, como se fossem pessoas paradas dentro de uma vegetação de arbustos e pequenas árvores sem folhas (era período de seca). A voz feminina, bem alta e clara, em um perfeito português, nos disse para continuarmos a caminhada pois, mais à frente, nosso "novo parceiro" nos aguardava.

Todo o grupo já bem cansados de tantas voltas na "trilha do morro" atendeu imediatamente ao direcionamento da parceira. Muito animados e com renovado vigor físico, seguimos pelo caminho. Bem acelerados marchávamos rapidamente ansiosos pelo encontro que nos custou tanto trabalho, tanta preparação e, porque não, tanta expectativa, pois se tratava de uma conversação com um "novo parceiro" de enorme sabedoria e conhecimento. Seguindo pela trilha, após dobrar a curva das "marcas", na parte reta do caminho onde a vegetação é bem rala, com poucas árvores e capim, vimos a silhueta de uma pessoa. Não se tratava de uma silhueta escura, como se fosse uma sombra, mas sim uma silhueta iluminada a mais ou menos uns trinta metros de distância do nosso grupo do lado direito da trilha. Pelo tipo de luz que vimos, uma luz "opaca", densa e de cor levemente lilás, já percebíamos que se tratava do nosso "novo parceiro", pois ao longo de anos interagindo com as "49 Raças", já conhecíamos o modus operandi de sua comunicação com o nosso grupo.

Continuamos a caminhada em sua direção até que chegamos no ponto do caminho em que ficamos frente a frente com ele. Foi aí que perguntamos se ele era o "fulano de tal" (a identidade será revelada oportunamente). Ele confirmou, em um português com um forte sotaque que não identificamos (todas as nossas conversações com os parceiros são gravadas ou filmadas, nesse caso foi somente gravada). Conversamos por aproximadamente quarenta minutos. Recebemos informações, direcionamentos e o porque de sua vinda à Terra nesse momento. Nosso grupo estava em pé, na trilha, a mais ou menos três metros de distância dele. Ele era um homem de aproximadamente dois metros e trinta a dois metros e quarenta de altura que tinha nas mãos um objeto que parecia um bastão iluminado de um metro e pouco de comprimento e de cor azulada. Suas vestimentas emanavam uma luz característica dos parceiros que bem conhecemos.

Este relato é mais um de inúmeros outros que acontecem com nosso grupo maior de quase mil e quinhentas pessoas que estão sendo treinadas pelas "49 Raças" para, de fato, trazer uma mudança concreta e definitiva para a população mundial.

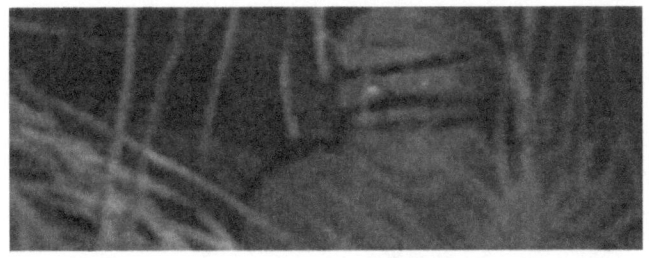

Parece piada, não? Ou uma estória de ficção de um desses filmes de *hollywood* que fala de ETs. Mas é a pura verdade, a realidade que nosso grupo vive a quase vinte anos e que em breve o mundo vai conhecer também e, acima de tudo, se beneficiar das informações reveladoras sobre a nossa origem, a nossa real história, sobre alimentação saudável, saúde e tecnologias fantásticas que irão trazer bem estar e conforto para a população.

PÉGASUS – Viviane Assad

Em 13 de junho de 2009, na fazenda Boa Sorte, eu, meu marido e meu filho de dois anos que dormia no colo, caminhávamos à noite em uma trilha na mata... Árvores ao redor, podíamos ver o céu acima de nós. Quando, subitamente, ouvimos um forte barulho como se fosse a queda de uma grande pedra, seguido de mais outros sons na mata.

Continuamos andando e vimos uma forte luz dourada que passava pela trilha, vindo do nosso lado direito, fazendo vários filetes, atravessando-nos e às árvores também. Ouvimos uma voz feminina, suave e cantada, que num primeiro momento não entendíamos o que dizia; então ouvimos o som de uma flauta. Pediram para sentarmos, disseram que a nossa energia estava oscilando, e veio novamente o som da flauta (os barulhos e sons da flauta - chamados de sonoplastia - são para ajustes de frequências, com objetivo de interação entre nós e Seres de outra dimensão). Sem perguntarmos, a voz disse que eram de Pégasus. Logo descobrimos que estavam em casal. A voz masculina era bem grave, porém não compreendíamos o que ele dizia; só entendíamos a voz feminina. Ela disse que estavam a 3 metros de distância de nós e que estavam muito felizes de estar ali conosco. Perguntou se estávamos vendo-os. Disse que tinham 3 metros de altura e que iriam se afastar para um melhor ajuste de frequência.

Vimos uma luz prata perto de onde estavam e perguntei o que seria. Eles disseram que era uma criatura Intraterrena (chamada Laquim). Não conseguíamos vê-los e pedi que mandassem uma luz no frontal, quando em seguida veio um lindo flash de luz prata do plexo dela, conforme ela disse. Falamos com eles alguns assuntos pessoais e, em seguida, ela nos passou um compromisso que teríamos que executar em quatro meses.

Perguntamos o porquê de tanta pressa e ela disse: "- **Não há mais tempo**!"

Perguntamos: "- **Não há mais tempo para que**?"

Então ouvimos: "**– Olhem bem ao seu redor, vejam o plano que está se desenvolvendo...**".

Numa clara alusão à articulação dos governos e às transformações que o planeta vem passando. Apesar de não tê-los visto, senti clara e fortemente a pureza, a bondade e a energia por eles emanadas. As palavras não conseguem descrever o que realmente aconteceu nos quase 20 minutos de contato. Foi maravilhoso!

O QUE ME DIFERE DE MUITOS - Pedro G. Seidel

Até uma certa idade eu seguia os mesmos caminhos que a maioria das pessoas, mas percebia que tinha que me esforçar para isso. Religião por exemplo era um saco e os seus rituais mais ainda, sem contar que ouvir um padre falar sempre as mesmas coisas me deixavam cada vez mais sem interesse. Céu, inferno, pecado, eu achava uma grande embromação, uma forma que encontraram pra manter pelo medo, as pessoas sob controle. Passei a não frequentar mais a igreja e buscava nos livros a resposta que eu procurava e isso foi a melhor coisa que fiz.

Percebia que com o tempo não me interessava mais determinados assuntos banais do cotidiano e com isso passei a dedicar mais tempo a fazer questionamentos sobre nossa origem, sobre a grandeza do universo, a atitude dos governos para com o povo, e muito mais.

Quanto mais informação eu recebia, maiores eram os meus questionamentos. No ano de 1999 fui convidado para uma reunião onde seria debatido assuntos relativos a paranormalidades, extraterrestres e energias. Fui, e assim passei a ter contato com algumas pessoas que pareciam estar na mesma busca que eu. Essas pessoas estavam programando uma viagem ao Mato Grosso do Sul, no paralelo 19, onde se dizia haver uma fazenda que tinha registro de diversos avistamentos e que o seu anfitrião passava conhecimentos diversos ligados aos meus interesses.

Fizemos a viagem partindo de Vitória – ES até a tal fazenda, quase 2000 km, e minha expectativa era de que eu poderia ficar decepcionado e que tudo lá poderia não passar de mais uma forma de enganar as pessoas e tirar dinheiro delas.

Nunca vou me esquecer na emoção que fui acometido no momento que desci do ônibus e coloquei os pés naquele chão. Uma vibração tão forte que fazia o meu peito tremer e um desejo muito forte de abraçar aquelas pessoas que lá estavam e eu nem as conhecia. Pensei comigo : "Nesse lugar têm algo que parece um reencontro". Mesmo assim, continuei desconfiando, já que a prudência é sempre bem vinda.

Estamos agora no ano de 2016 e nesses praticamente 17 anos, estive lá tantas vezes que nem consigo imaginar. Mudei com minha família para Campo Grande – MS e passei a frequentar a todos os eventos que posso.

O motivo disso é que os conhecimentos que são passados lá nos levam a ter informações e entendimento de toda a ciência e tecnologia de que se possa imaginar. Esses conhecimentos veem de uma fonte tão clara, simples, e sábia, que qualquer pessoa de mente aberta pode entender. A Elite do governo mundial possui parte desses conhecimentos e tentam de toda maneira esconder da população da forma mais perversa que se possa conceber, caso contrário não teriam mais poder sobre ela.

Logo, logo, todos os paradigmas começarão a serem quebrados e virá um tempo em que a humanidade caminhará prosperamente, sem a venda nos olhos, num mundo onde a alimentação, a saúde, a longevidade, fontes de energia gratuita, transporte, comunicação, e o conhecimento, farão parte da vida de qualquer cidadão.

Ter a mente aberta é fundamental.

> *"Eu prefiro ser essa metamorfose ambulante, do que ter aquela velha opinião formada sobre tudo"*: Raul Seixas.

NOUTRA DIMENSÃO – Cleide Nagem Vasconcellos

Após esse episódio, surgiu um convite para que fossemos conhecer a fazenda dele, localizada no interior do Estado de Mato Grosso do Sul. Resolvi então visitar a referida fazenda, onde poderia tirar outras dúvidas que carregava, havia tempo. Acompanhada da minha filha, minha prima e seus dois filhos, parti nesta viagem.

Fui com a intenção de desmascarar o tal "garoto das estrelas", que as pessoas diziam ver por lá. Chegando lá, eu disse à minha prima: se esse anãozinho vier até mim, agarro-o, tiro lhe a roupa e o deixo pelado no meio do mato! Vou prestar atenção em tudo, nos mínimos detalhes!

Chegada a noite, o grupo formado por, aproximadamente, quinhentas pessoas, foi dividido em pequenos grupos e levados a diferentes ponta da fazenda. Eu, que estava deslocada do grande grupo, perguntei ao anfitrião: aonde vou? Ele olhou para minha testa e disse: "vá com os garotos." Só que os garotos iriam subir um morro, de 150 metros de altura e eu, com bem mais idade, fui a última da fila.

Foi uma subida difícil, principalmente porque era noite. Chegando ao topo do morro, num platô, entramos em uma trilha que nos levava até um ponto chamado "marcas". A moça que nos conduzia, perguntou: "quem quer ficar aqui"? Ninguém respondeu! Então, eu disse: eu fico! E a moça respondeu: "fique do lado esquerdo, nessa descida", apontando o local, e o grupo continuou.

Desci uns dois metros, aproximadamente. Só que a posição dos meus pés estava me incomodando. Olhei para baixo e percebi um gramado lindíssimo, que brilhava iluminado pela lua cheia. A área gramada tinha um tamanho aproximado de 500 metros quadrados.

Então, mudei de lugar e me abriguei embaixo de uma pequena árvore, ficando de frente para a grama, com o mato ao redor e a trilha nas costas. A instrução que havia recebido era para, enquanto estivesse no local, permanecer com as mãos fechadas. Assim procedi e resolvi deixar os braços abertos, pois no meu íntimo, queria agarrar o "anão" e arrancar lhe a roupa.

Devia ser mais ou menos 01h30 da manhã. Atenta a qualquer barulho, senti quando uma pequena borboleta de cor amarela tocou, suavemente, a minha orelha esquerda. Eu, com a mão fechada, toquei a dizendo: "borboleta, eu te amo mas agora não é hora!" Então, ela foi pousar na outra orelha. Toquei-a novamente e ela passou a dar voltas ao redor da minha cabeça. Foi então que eu entendi que algo diferente estava acontecendo e disse: "borboleta, se você for do 'menino das estrelas', pouse no meu braço"... Imediatamente, não só ela, como outra que surgiu, pousaram no meu braço esquerdo e, para meu espanto, mais três borboletas, todas da mesma cor e tamanho também pousaram no meu braço direito.

Foi aí, que coisas estranhas começaram a acontecer... Meu coração cresceu para "fora" do peito e começou a girar em sentido horário e a emitir um som (rom, rom, rom) e eu, assustada, pensei que iria morrer sozinha no mato. Alguns segundos depois, meu coração foi abaixando e voltou ao normal. Nesse instante, me invadiu um sentimento que me deixou embriagada de felicidade... Eu queria abraçar o mundo inteiro, literalmente. É um sentimento que, até os dias atuais, ao lembrar, me emociona, é muito forte! Após a experiência, eu passei a gargalhar sozinha na mata, estava realmente embriagada pelo sentimento de amor.

Até que ouvi como se fosse "dentro" da minha cabeça: "ele vem vindo"... E eu dizia: "onde, onde?" E olhava para todos os lados. Em seguida, passei a ouvir um barulho de passos ao fundo. Então, eu o vi! Era baixinho e "troncudo". Ele colocou a mão sobre o arbusto, como se fosse pular para a grama e ficou me olhando. "Venha em paz", eu dizia. Ficamos num impasse: eu olhando para ele e ele olhando para mim. De repente, ele desapareceu como um raio de luz, de baixo para cima, rasgando o céu.

As borboletas que haviam pousado nos meus braços e faziam cócegas, durante todo o tempo, subiram com ele, igualmente! Passada a experiência, eu me perguntava: "o que foi tudo isso?" E exclamava: "Que loucura!" Nesse ínterim, uma das borboletas retornou e pousou no meu braço esquerdo, novamente! Aí, eu disse: "Oba! Ele vai voltar"... Então, eu passei a ouvir, novamente, os passos dele. Não o via, apenas escutava. Chegou a uma distância de um metro de onde eu estava. Nesse instante, na trilha que havia ficado atrás das minhas costas, surgiram dois rapazes conversando e apontaram suas lanternas sobre nós. A borboleta se foi e tudo acabou!

Fiquei ali parada, sem saber o que fazer, quando escutei a voz da moça que nos trouxe, dizendo: "se tiver alguém aí, pode ir embora"! Subi até a trilha. Não havia ninguém! Desci até a sede da fazenda.

Após o episódio, passei a frequentar o lugar, durante seis meses consecutivos, procurando esse mesmo local, mas não o encontrei. Até que uma amiga me disse: "querida, esse lugar não existe! Lá em cima é apenas mata! Você foi parar em outra dimensão!" segue página ....

O INUSITADO - Mamédio Gonçalves

Estávamos reunidos no local denominado de campinho, que hoje já não é utilizado para nossos encontros de trabalhos, devido a construções de casas no local. Estávamos reunidos em um grande círculo, umas duzentas pessoas, numa noite muito escura, devido ser uma noite de lua nova. O auxiliar do orientador, entrou no meio do círculo e aproximava das pessoas, orientando-as a esperá-lo na estrada ao lado.

Foram separadas três pessoas, dois homens e uma mulher. Assim que estávamos reunidos ele nos disse que foi orientado a selecionar três pessoas para participar de uma situação de contato com seres de outras dimensões. Como ainda não era comum para nós esses contatos, ficamos surpresos e aguardando as orientações. Ele pediu que seguíssemos juntamente com ele até a pedra fatiada. Naquele local, a esquerda da pedra fatiada, tinha uma trilha em forma de uma ferradura. Ele orientou o grupo, e pediu para que o primeiro entrasse na trilha e retornasse ao mesmo local de partida. Todos os três tiveram contatos, separadamente, com seres distintos. Eu entrei na trilha com o coração querendo sair pela boca, então parei e disse: Tenho de me acalmar para que tudo dê certo.

Fiquei calmo e fui seguindo na trilha, sem pressa, e quando estava dando a volta na curva da ferradura, ouvi uma pedra caindo do meu lado direito em minha frente, um flash de luz, e uma voz pedindo para que eu sentasse no chão. Comecei a dialogar com o ser, que me disse ter vindo de Pégasus, perguntando qual era o motivo do contato, e ele disse que estava passando um compromisso: devia levar as pessoas que estavam na fazenda, até a cratera de cura e ativá-las para esse objetivo. Dialoguei com o ser, e num determinado momento perguntei se ele tinha mais orientações para passar. Ele disse prossiga! Agradeci, continuei andando na trilha e quando estava chegando na estrada, caiu uma pedra do meu lado direito, encerrando o contato.

Estávamos realizando trabalhos na fazenda, quando o orientador determinou que eu e a minha companheira de trabalho, conduzíssemos o grupo para a estrada, e colocasse as pessoas em fila, observando uma distancia de cinquenta metros entre si, a partir da pedra fatiada em direção da cidade Zigurats. Eu e a minha companheira, ficamos no final, a partir da primeira curva, após a megalomaníaca ponte. Ela foi a que ficou por último na fila. O tempo foi passando e observei um barulho de algo se arrastando no mato, nas minhas costas. Esse barulho ia numa direção e voltava. Quando o barulho cessou, fiquei esperando terminar o tempo que era de uma hora e vinte e sete minutos, quando explodiu uma luz na copa de uma arvore maior que estava entre eu e a minha companheira. Desceu uma luz prata, que seguiu dentro da mata na minha direção. Quando ela estava em frente, sumiu devido o mato ser mais fechado. Comecei a ouvir uns sussurros que vinha do outro lado da estrada, mas não entendia nada por estar fora da frequência do ser que estava a sete metros de distância de mim.

Outro dia estava na fazenda, era noite, sem programação do que fazer. Encontrei um companheiro e convidamos duas senhoras para nos acompanhar até o trono que ficava próximo a um riacho, local onde ficávamos para interações. Assim que chegamos no local, começou a subir uma densa névoa no riacho. Como nunca tínhamos vivenciado essa ocorrência, e essa névoa foi aumentando, começou a emitir flash de luz vermelha, e como não tínhamos experiência de diálogo com os nossos parceiros, ficamos calados. Ficamos muito tempo e resolvemos ir embora. Saímos do local e para a nossa surpresa, a névoa passou para a beira da trilha de onde deveríamos retornar. Fomos seguindo, entramos na estrada em direção à fazenda, e quando passamos pelo laguinho das embaúbas, chegando no alto, vimos que em frente ao laguinho, na estrada, tinha um homem com capa preta, de mais ou menos dois metros de altura. Chamei a atenção das pessoas e decidimos voltar para conversar com ele. Quando estava nos aproximando ele desapareceu. Fizemos isso por três vezes. Na última vez passou um caminhão e a partir daí ele não apareceu mais.

Estávamos no campinho quando fomos selecionados para uma conversa com o Toth, um ser que estava nos aguardando. O orientador levou três homens e três mulheres para essa interação. Uma das mulheres teve problemas particulares e não pode participar. Então seguimos para o cascalho, que hoje é o campinho, para receber as orientações antes da interação. Foi orientado que ficássemos dezenove minutos e quando encerrasse esse tempo, cairia uma pedra nos informando, e então seguiríamos para o local determinado, que era a lajinha. Assim que terminou os dezenove minutos, caiu a pedra e seguimos para o local indicado. Ficamos de mãos dadas aguardando a manifestação do ser. Como não ocorria nada, um dos participantes perguntou: Toth você está aí? Assim que ele terminou de falar, o ser começou a andar quebrando os matos e ficou cinco metros em nossa frente, atrás de uma arvore. Ele começou a falar e devido estar faltando energia de uma mulher, ficamos fora da frequência esperada e não entendíamos nada do que ele falava. Pedi que ativasse o grupo para que pudéssemos entender melhor. A uns cinquenta metros distante de nós, foi focado uma luz em nossa direção. Ele começou a falar novamente, e como continuávamos não entendendo, ele dobrou uma árvore, que estava entre nós e ele, em nossa direção. Começou uma chuva de pedras discoides em cima de nós. As pedras batiam nas mulheres, quebrava espirrando os seus fragmentos. Como não conseguimos entender o que ele falava, então ele saiu com os seus passos quebrando o capim alto e foi embora. No dia seguinte voltamos para recolher as pedras discoides que caíram naquele local.

Capítulo IV

Família Cósmica

OS DIFERENTES EM PARCERIA COM A HUMANIDADE - Denise Borges

A pequena narrativa que aqui se inicia não pretende induzir a interpretações utópicas ou ilusórias; ao contrário, o objetivo é a apresentação de um grupo de pesquisadores de realidade física e metafísica, que atua no campo científico e paracientífico, com seus objetos de estudos bem definidos, metodologia normativa e procedimentos formais. O que segue são relatos de momentos vividos por muitos anos que não se perderam no tempo, e têm servido de norte para tomada de decisões nesse contexto histórico-social marcado pela ausência de valores éticos e inexistência de princípios generosos.

No final dos anos 1990, no cerrado brasileiro, onde Tuiuiús e Araras, como anfitriões, dão boas-vindas a forasteiros; onde Rochedos levam a Corguinho, conheci um grupo de pesquisadores que vinham de todos os campos desse chão brasileiro que abriga tantos reinos de alegria, de pedras mágicas, e de montanhas... Eram paulistas, mineiros, gaúchos, cariocas e tantos outros de muitos dialetos, e também estrangeiros de variadas culturas e idiomas; todos com o mesmo objetivo, com a mesma 'Busca de conhecimento'; e cujos encontros aconteciam em um Vale de 'Boa Sorte'; de frente para um morro imponente e guardião, esculpido por Chronos, que no ocaso se mostrava enigmático e misterioso e na presença de Hipérion surgia, envolvido num laço abraçado de brumas, que aos poucos iam se dissipando para que seu encantamento e majestade novamente se revelassem.

Nesse lugar mágico, pessoas compartilhavam vivências, experiências, conhecimentos de vários segmentos acadêmicos; além de outros saberes com sabores de desvendamento e descoberta da realidade. Os estudos e abordagens realizados pelo grupo, contemplavam os grandes pilares do conhecimento humano, perpassando as ciências humanas, físicas, biológicas, exatas e seus desdobramentos; favorecendo a compreensão, por exemplo, da física quântica, geofísica, meio ambiente, natureza do gênero humano em seus vários aspectos; além de um vasto elenco de ciências que são reconhecidamente desenvolvidas pelas instituições de ensino superior.

A legitimidade desse conjunto tão diverso de conhecimento se justifica pela formação técnica e acadêmica de seus membros, pois que são sujeitos e agentes atuantes em variados setores sociais. Esse grupo de notório saber é DIFERENTE, e tem um LÍDER muito DIFERENTE que como um maestro, com sua batuta rege a orquestra de músicos-pesquisadores, que tocam seus diferentes instrumentos-habilidades e executam notas musicais-conhecimento, alcançando níveis profundos desconhecidos das capacidades humanas, em harmonia com as Leis Universais.

Há muitos anos, esse LIDER DIFERENTE iniciou suas ações em encontros de palestras, seminários, workshop, criação de núcleos de estudo em regiões do Brasil, como num movimento de vanguarda; abrindo caminhos como faz um agrupamento de infantaria, e como o mateiro abre trilhas para que desbravadores possam avançar. Assim, com muito foco e incansável determinação, foi despertando competências, possibilitando o desenvolvimento das habilidades do grupo e entre tantas outras realizações, conduziu os membros em variadas expedições, por diversos países, para estudos e pesquisas dos registros e tecnologias de civilizações, ainda não descritas pelos cânones da literatura histórica.

Esses DIFERENTES juntamente com seu LÍDER estão edificando uma cidade nada convencional para os padrões e modelos concebidos; lá está sendo construída uma Pirâmide e já tem até um Observatório Astronômico em operação, com seus 'enormes olhos' atentos voltados para o céu – é preciso acompanhar os eventos do espaço, pois há nele muito movimento e bilhões de berçários manifestando formas de vida - a fim de estudar as ocorrências e fenômenos registrados frequentemente no cenário cósmico.

Mas isto não é tudo! Os DIFERENTES e seu LÍDER-DIFERENTE MOR- têm um amigo que é o 'MENINO DAS ESTRELAS' que gosta de brincar, rir, interagir com os DIFERENTES, trazendo orientações permeadas pelo perfume da alegria, brilho dos ensinamentos e doçura nas lições; propiciando uma fusão entre aprendizagens, desenvolvimento de capacidades e interações genuínas.

Sou parte desse grupo, porque encontrei respostas para perguntas universais... "quem sou eu, quem somos nós (humanidade), de onde viemos, por que estamos aqui e para onde vamos?...", e quanto mais respostas mais renovam-se perguntas, porque o conhecimento humano é ilimitado e é motor que move as engrenagens para funcionamento da vida, na sua amplitude e significado pleno.

Após longos anos de estudos e experiências, compreendi, de forma absoluta, que nós somos partes do 'TODO'-"SOMOS TODOS UM", e essa concepção muda o conjunto de crenças impostas pelas ideologias, veículos e aparelhos do Sistema de Poder, implantado nessa realidade tridimensional. Estamos, nós e a humanidade, entrelaçados como na trama de uma rede, e isto nos desperta para um sentimento mais elevado; nos direciona para atitudes nobres, para movimentos de construção de um 'Sistema do Bem', para que ele seja, de fato um legado para esta e para as próximas gerações. E que todos os DIFERENTES desencontrados, perdidos, sem direção nesse planetinha, saibam que há um lugar na região central do Brasil, que acolhe, valoriza e ensina cada um a multiplicar seus talentos individuais em benefício do coletivo.

... 'vamos precisar de todo mundo- prá banir do mundo a opressão ...vamos precisar de todo mundo- um mais um é sempre mais que dois ...prá melhor juntar as nossas forças- é só repartir melhor o pão'... (Beto Guedes)

Nós, os DIFERENTES, acordamos do sonho, saímos da cápsula e vamos fazer a diferença para a humanidade, para que todos tenham a chance de dar o salto quântico!

INSPIRAÇÃO - Márcia Maneira

Quando pequena orava e ajudava. Tinha medo de fantasma, porque via coisas.

Fui resgatada aos 5 anos e levada à presença de Hankstar, pois ele queria saber se eu estava me adaptando a este planeta. E aí vai... aos 10 anos, em pleno banheiro público tive a plena intuição de que tudo vibrava, parede, chão, pia... e que tudo fazia parte de um todo, assim como eu.

Passei por várias religiões, seitas, filosofia de vida e nada fechava. Faltava algo!

Incansavelmente procurei, fui chamada de louca, criticada pelos amigos, ridicularizada pela família e tachada de beata! Até que, muitas informações se fecharam, no meu reencontro com minha mais nova-velha família. Tudo clareou, muitas dúvidas explicadas, muito conhecimento passado e o sentimento de que nada está perdido. A cada dia um choque de consciência!

A cada dia uma nova inspiração!

O MILAGRE - Amanda Estela Riveros

Olá dimensionais! Nossas vidas têm sido marcante, emocionante, empolgante e misteriosa!

Despertei, tirei as vendas e o véu que me encobriam aos 50 anos de idade. Aff... antes tarde que nunca! Tive experiências incríveis e também fui tachada de louca, maluca, enfim...

Tive que escolher entre continuar a viver na mesmice ou então, encarar o desconhecido com muita coragem. Romper barreiras e dogmas impostas desde o nascimento foi muito cruel... ninguém admitia. Mas tive tanta força que eu mesma desconhecia. Todo esse sofrimento culminou em um câncer quase fulminante.

Tudo isso ocorreu depois de ter conhecido um lugar no Mato Grosso do Sul, precisamente na área rural de Corguinho, onde eu chamo de paraíso.

Constatado o câncer de mama onde não seria fácil o tratamento e, que por um milagre não passou metástase. O dia que descobri, desabou o mundo para mim por algumas horas mas, tive ajuda para encarar, assumir e não me render JAMAIS!

O tratamento foi espetacular, não sentia nada. Cuidei muito da alimentação e da minha mente. Contando os dias para retornar ao paraíso, onde eu morava. Terminei o tratamento com muita alegria em outubro de 2012 e foi quando tudo se complicou.

Imaginem umas dez toalhas, uma encima da outra, e que um ferro quente fique por cima delas até queimar do outro lado, pois bem, assim ficou o lado esquerdo do peito até as axilas.

Uma noite, chorando de dor e sem querer incomodar ninguém, recebi um telefonema da minha amiga Luci, não conseguia falar de tanta dor. Faziam quase 20 dias que não dormia direito de tanta dor e o peito praticamente putrificado. Pensei que fosse para outra vida, naquela noite, porque por mais que tomasse morfina, a dor era incessante e insuportável. Luci disse que iria fazer alguma coisa e sentiu meu desespero. Em pouco tempo, liga seu filho, Gabriel, e pediu pra eu ficar tranquila e disse que o "Cara" vinha me visitar esta noite. Imaginei que vinham me visitar ou alguém. Fiquei sem entender do que se tratava...

Não consegui me tranquilizar ou dormir. Com olhos bem abertos e acordada, me vi na mesa de uma sala de cirurgia quando um refletor de luz verde dava flashes encima da minha ferida, era um atrás do outro, foram vários, não lembro quantos. Depois apaguei. Só acordei no outro dia depois de 12 horas e de vários dias sem dormir e o melhor... sem nenhuma dor. Podia movimentar os dedos da mão esquerda e virar o pescoço, de um lado para o outro.

Levantei rápido e fui até minha irmã que, não me acordou, pois disse que dormia feito um anjo. Falei que tinha acontecido um milagre, pensando que ela não acreditaria no que tinha acontecido naquela noite. Nos abraçamos e choramos de alegria com muita emoção, e , ela contou que também havia sido curada de um câncer por uma LUZ que entrou pelo chacra coronário.

No dia seguinte, o "Cara", veio me falar através da mente (eu ouvia perfeitamente), explicou e deu exemplos sobre o desequilíbrio emocional, me mostrou todo o estrago que ocorre em nosso organismo, com as nossas células.

Até hoje lembro, com emoção de tudo o que ocorreu. Lembro das palavras do nosso Amigo das Estrelas, que nos passava informações e orientações sobre como cuidar da alimentação, do corpo físico e da mente. Eu acreditei, mudei a minha vida, tive muito mais consciência desde então, e o melhor.... ESTOU VIVA!!!

Depois de 4 anos, estou em Foz do Iguaçu/PR, fazendo exames de rotina. Estou curada e livre de qualquer doença. Acredite no poder que você tem, você pode TUDO, pode mudar sua vida em um segundo, basta QUERER. Minha mãe é muito sábia e sempre dizia: QUERER É PODER !!!

Se você não está feliz e não se encontra, lute por si mesmo, pois tenho certeza que irá conseguir. Seja feliz! Não estamos aqui para sofrer! Acredite!

UMA FAMÍLIA DIFERENTE – Elizabeth Jordão

Izildinha Jordão

Em uma pequena cidade moravam duas famílias. Uma família mudou para uma cidade a poucos quilômetros de distância.

Passou duas décadas e os filhos dessas duas famílias começaram a olhar muito para o céu pois chamava muito a atenção.

Até que um dia um menino sentado no banco de um jardim na praça da pequena cidade estava observando o céu viu uma estrela em movimento que chamou muito a sua atenção.

Na outra família as duas mocinhas vinham do clube à noite quando olharam para o céu e uma luz bem forte se aproximou. E uma delas comentou que avião esquisito. A outra imediatamente falou: isso não é avião. Nesse momento a luz aumentou muito forte na cor prata e se mexeu para cima e para baixo, foi um grande banho de luz.

A partir desse momento uma das moças começou a ver e observar as coisas diferentes.

Até que um dia o menino cresceu e casou e virou papai de dois meninos e foi morar em outra cidade também próxima.

Passaram se os anos e uma das mocinhas foi trabalhar na mesma cidade em que o rapaz foi trabalhar e morar com a sua família.

O reencontro com o rapaz e a moça foi no banco em que ela trabalhava no caixa e ele foi descontar um cheque. A partir desse dia foi renovada a amizade e juntos partiram para a caminhada rumo a busca do local onde hoje recebemos informações de grande ajuda para toda a humanidade.

Ela foi a primeira mulher a saber da localização do local e a ajudá-lo no que precisava.

Como sua irmã não se sentia bem, ela comentou com o amigo sobre o que estava acontecendo com ela, ele imediatamente se prontificou a ir conversar com ela em sua casa.

Quando chegou foi cumprimentar e não conseguiu, pois a energia da moça era muito forte.

A partir desse momento as duas famílias reiniciaram a amizade, o rapaz procurou um lugar distante, com um morro que lhe trouxesse muita paz.

Com o passar do tempo ele convidou essa família amiga para conhecer este lugar diferente.

A família foi ao local no Paralelo 19, em uma cidade chamada Corguinho /MS. E nessa fazenda a família se encantou pelo local de muita energia e foi tratada com muita alegria pela família que ali os esperava.

Fomos convidados para subir em um morro e com muita dificuldade minha mãe conseguiu subir amparada pelo amigo, pois tinha muitas pedras soltas e não havia trilha.

Chegamos ao local uma das filhas do casal começou a chorar forte e teve que sentar, quando passou o choro começou a aparecer várias luzes de diversas cores e uma se aproximou muito.

No outro dia era ano novo de 1997, fomos convidados a tarde para subir o morro e o amigo sempre filmando quando a moça olha para o lado e pede para o amigo filmar. Na filmagem temos uma surpresa: era uma nave.

Depois dessa viagem começamos todos da família; o casal, filhos, netos e bisnetos a frequentar esse local onde tem; pesquisa ,arqueologia, civilização antiga, banhos de energia Crística e estão construindo uma cidade fantástica, onde todos estão desenvolvendo suas habilidades.

Os parceiros aparecem e conversam com as crianças e adultos, passam treinamentos para todos, pois cada viagem tem um objetivo como: caminhadas com calor, chuva ou frio, banhos de luz, artefatos para potencializar nosso campo biomagnético, com ativações, plasma direcionadas ao nosso corpo.

Sobre uma pessoa da família os parceiros conversavam e, quando apareceu pela primeira vez para ela perguntaram se essa pessoa queria ir até eles. Ela falou que sim. "SE FOR PARA O BEM DA HUMANIDADE EU VOU".

A partir desse momento eles implantaram um chip em sua cabeça, após um tempo abriram a sua coluna duas vezes que foi muito doído, depois na perna esquerda perfuraram seu pé até a virilha foi muita dor e choro, depois várias vezes mexeram na sua cabeça.

Ela e sua família eram convidados a ir na fazenda BOA SORTE onde seu pai começou a receber mensagens, sua irmã também começou a ver e sentir tudo como barulho, luz e acordarem em outra dimensão.

Começamos a fazer parte de um grupo que chamamos de diferentes, pois quando chegamos nesse local formamos uma grande família.

Em todas as viagens temos momentos marcantes.

Mas a primeira vez vai ficar marcada na vida de todos , pois foi o despertar de um reencontro com os parceiros. A partir dai, a nossa família da terceira dimensão começou a nos tratar com certas diferenças pois não nos compreende.

AMIZADE POR "ACASO" – Gabriel de Oliveira

Sou de uma cidade do interior de Goiás chamada Serranópolis. Moro desde 2103 em Brasília. Tive uma infância bem simples na zona rural da minha cidade natal, durante toda minha infância tive muito contato com animais, natureza, trabalho na roça, e a calmaria dessa vida. Hoje sou estudante de graduação do curso de Geologia da Universidade de Brasília – UnB.

Durante toda minha vida sempre me sentia diferente em relação às demais pessoas, tanto agora durante a graduação tanto quando na infância. Essa diferença se dava no modo de pensar, no modo de agir.

Nos pensamentos, sentia que não me enquadrava muito bem nos ambientes em que frequentava. No inicio achava que isso era algo que acontecia com todas as pessoas, mas conforme o tempo passava eu via que não era tão comum assim e, eu ficava fora da grande maioria, da grande massa de pessoas, digamos que eu ia contra a grande população.

Durante o ano de 2015, estava fazendo estágio no Museu de Geociências do Instituto de Geociências da Universidade de Brasília, e uma nova estagiaria foi contratada. Essa estagiária também era do curso de Geologia e era muito diferente das demais pessoas do curso. Senti nela a mesma diferença que eu também possuía e ao longo de algumas semanas, conversávamos horas a fio sobre nossas experiências, nossas infâncias, ciências e etc. E conforme o tempo passava nos tornamos amigos por questões de afinidades.

Durante uma de nossas conversas, ela comentou que fazia parte de um grupo de pessoas que pensavam "fora da caixinha" que realizavam pesquisas incríveis e fantásticas sobre saúde, alimentação, astronomia, antropologia, biologia e etc. Esse grupo possuía um Líder que possuia muitas habilidades, e além das pesquisas esse grupo estava construindo uma cidade no interior do Estado Brasileiro de Mato Grosso do Sul com uma arquitetura totalmente inovadora. Interessei-me bastante por esse assunto e pedi para que ela me explicasse mais a fundo, no momento em que ela me falava desse grupo dos estudos e das experiências que eles realizavam, sentia uma conexão, uma simpatia muito grande por tudo, uma afinidade impressionante. Ela me convidou para participar de uma atividade de campo desse grupo que iria ocorrer na Pousada e Hotel Fazenda Araras que fica próximo ao Distrito Federal, então eu resolvi conhecer; já que minhas ideologias se pareciam muito com a deles, essa tal diferença me fazia próximos deles de alguma forma.

Os acontecimentos que presenciei naquele final de semana que passei com esse grupo mudaram a minha vida pra sempre. Conheci novas teorias, novas pessoas e lá, realmente me senti em 'casa', como se tivesse reencontrado uma família cósmica, antiga, mas ao mesmo tempo eterna.

Presenciei luzes e alguns outros fenômenos, e umas das coisas mais incríveis que já vi foi uma conversação com um 'camaradinha das estrelas' que acompanha a humanidade terrestre para passar informações preciosas. Ele falou muitas coisas incríveis sobre a energia crística e a humanidade. Presenciei a olho nu a materialização de um Ultra vermelho, simplesmente esplêndido.

Depois dessa atividade de campo soube que a partir dali, minha vida estava mudada para sempre. Com mais informações pude ter um discernimento muito maior sobre minha vida, tanto em aspectos pessoais quanto na saúde, alimentação e físicos. Entrei para o grupo algumas semanas depois da atividade de campo no mês de junho de 2015. Acredito que nada na vida é por acaso, e que conhecer essa amiga que me apresentasse esse grupo não foi um acaso. Ninguém entra nas nossas vidas por acaso e com ela não foi diferente, acredito que existe um plano maior que ainda não sabemos.

UM FILHO DIFERENTE – Hellena

Costalunga 1- Pedrinha discoide

Em junho de 2000, numa viagem num lugar muito incomum, no Mato Grosso do Sul, denominado Fazenda Boa Sorte, estávamos neste lugar, buscando aquele conhecimento diferenciado", descubro que estou grávida! Seremos pais, finalmente!!

Com uns dois meses de gestação, estávamos a caminho de uma fazenda, no interior do rio Grande do sul. Então, seguíamos no carro, recém retirado da concessionária, recém emplacado, Danilo, eu (nosso bebê) e um amigo. A viagem tinha o mesmo objetivo que a do Mato Grosso do Sul: fazermos pesquisas e buscarmos conhecimentos avançados.

Danilo e eu na frente, estrada a fora, de repente sinto um forte enjoo, algo indescritível, o mais perto era a sensação de que tudo iria me desintegrar, a barriga parecia que iria explodir! Solicitei que parasse o carro imediatamente. Desci correndo. Todos descemos, pois eu realmente estava me sentindo muito mal. Tão logo desci, me encostei na traseira do carro e o alívio foi quase que instantâneo. Não entendi nada! Parecia que o mundo viria abaixo e, num segundo, tudo estava calmo, a brisa leve...

Voltei para o carro, enquanto os homens "tiravam a água do joelho". Abro a porta e me encaminho para sentar no meu banco quando vejo um objeto pequeno, redondo. Levo a mão rapidamente para espantar aquele "monstro" assustador que queria me devorar!! (imaginação feminina é de lascar!). Aí minha mão parece que foi segurada em pleno ar. Vinha numa velocidade para espantar o bicho e, do nada, é estancada. Aí, em meio ao inteligível da coisa, me aproximo um pouco mais e vejo que não se tratava daquele monstro horripilante, mas de uma pedrinha discoide, semelhante aquela que o Grandão havia me apresentado, e que nós todos, pesquisadores e buscadores de saberes diferentes, possuímos cada um a sua. Então, ali estava uma pedra, peguei-a aliviada, achando que era a do Danilo. Quando eles voltaram para o carro, falei que havia encontrada a pedrinha dele, que provavelmente deixara cair ao sair do carro. Ele olhou e disse que não, que estava com a dele. Falei para o nosso amigo, "olha Gui, tua pedrinha!". "Não, a minha está aqui comigo!". Eu era a única que estava sem a minha discoide, havia esquecido. Então, ficamos sem entender de onde aquela discoide havia surgido? Como assim? E lá vieram mais um monte de sensações que já nem eram mais tão diferentes assim! Já estávamos nos acostumando com fenômenos e manifestações de outras dimensões, por assim dizer.

Como estávamos indo encontrar aquele cara diferente, o Orientador, seria certo que ao chegarmos no local, iria ter com ele uma conversa, para buscar compreender o que havia acontecido, qual o significado daquela discoide ter surgido "do nada", no meio da estrada, após aquele vulcão de enjoo que passei.

Como cheguei cansada, com muito sono, fui dormir e o Danilo foi quem conversou com o Orientador. No dia seguinte foi nos dito o seguinte, que nosso bebê era um ser especial, que ele havia materializado a própria pedra, antes mesmo de nascer. Que este era o significado do forte enjoo e da pedra; a energia do processo da materialização da pedra fizera com que o enjoo fosse tão forte. O Orientador falou, para o Danilo, que iria buscar maiores informações sobre o bebê, mas que já sabia que se tratava de alguém muito especial.

Terminado o encontro, voltamos para a cidade e o Danilo teve um reunião com o Orientador, e eu fui fazer minha consulta de praxe no obstetra... Vida que seguia seu curso normal, ou quase!

Um dia o Danilo chega em casa e refere que havia encontrado um amigo de infância, que ele estava na pracinha com o filho. Referiu que estava muito chateado, pois o amigo tinha um filho com síndrome de down. Que ele achava que não conseguiria conviver com um filho assim. Fiquei chocadíssima pois desconhecia aquele Danilo preconceituoso e insensível. Como ele falava assim comigo, grávida? Momento tenso aquele! Argumentei que não estávamos pisando em terreno seguro, considerando que nosso bebê estava a caminho e que corríamos o risco, pois o futuro era meio imprevisível, e que eu não tinha preconceito nenhum quanto ao fato ter um filho com síndrome de down, afinal são seres especiais, como outro ser qualquer... Eu estava em choque!

Passado mais uns dias, mais uma consulta e o obstetra me pediu para fazer um exame chamado Translucência Nucal. Primeiro exame que fui fazer sem a presença do Danilo. Estou lá, fazendo o exame, bem bela, barrigão, feliz da minha vida, quando o médico encerra o exame e me pede para ligar para meu obstetra com certa urgência, para passar os valores que ele havia encontrado no exame.

Em casa, sozinha, ligo para o meu obstetra e lhe passo os percentuais referidos no exame. Eu completamente desligada do que se tratava o tal exame, para mim era só mais um exame (nem parecia uma psicóloga em formação, que havia acabado de passar por uma disciplina que tratava dos fetos, exames e testes que são aplicado nos bebês, logo que nascem!).

Estou lá, reclinada na minha cama, cheia de roupinhas que havia comprado, falando com o obstetra. Aí eu ouço ele me chamando... eu acho que eu não estava prestando a atenção, ou não estava querendo escutá-lo, ou, em outras palavras técnicas da psicologia, eu estava usando o mecanismo de negação!
Segue o diálogo, que consigo lembrar:

O – Tu estás me entendendo?

H – Como assim? O que tu falou mesmo?
O – Eu disse que os valores que tu acabas de me passar são muito altos. H – Sim. E o que isto quer dizer? O que representa?
O – Isto quer dizer que teu bebê tem uma chance muito grande, eu disse muito grande, de nascer com alguma anomalia, alguma síndrome...

Desespero total! Meu mundo... Meu filho... O Danilo... O quarto girando, a cama havia desaparecido... O obstreta me chamando...

H – E agora? (chorando muito)
O – Agora precisas tentar te acalmar... (falou mais algumas coisas que não lembro). Tem duas opções, que como médico preciso te passar. A primeira, é fazeres um exame chamado amniocentese. A segunda é não fazer o exame.
H – E o que vem a ser este exame? Como faz (lembrei de uma prima que fizera o exame e perdera o bebê).
O – Este exame serve para diagnosticar anomalias cromossomáticas e malformações congênitas. É um procedimento arriscado, consiste em coletar o líquido amniótico da bolsa que envolve o feto. Como estás com 13 semanas de gestação, o período é favorável para o exame... (explicou tudo sobre o exame, com as minúcias pertinentes.).
H – A outra opção é não fazer o exame? Posso optar em não fazer, é isto? O – Sim, podes não fazer o exame.
H – Então eu não quero fazer o exame. Se o meu bebê corre risco de vida... E, digamos que eu faça o exame, e o resultado dê uma malformação, ou algo assim. O que faremos? Aborto?
O – Não.
H – Então, eu não faria aborto, mesmo que fosse possível. Sendo assim, não vejo sentido em colocar a vida do meu bebê em risco. Ele deverá nascer e cumprir sua missão, seja ela qual for.
O – Bem, te conhecendo como te conheço, eu já imaginava que não farias o exame mas, é de praxe que eu te informe tudo sobre o exame e as opções, a decisão final cabe aos pais.

Trocamos mais algumas ideias e desliguei o telefone. Fiquei num vácuo! Algo estranho acontecendo. Comecei a voltar à realidade do contexto todo. Desandei a chorar, lembrando de algumas palavras chaves do obstetra, tais como "alto percentual; valor muito alto; probabilidade de 12% (ou algo assim) dele nascer saudável, considerando os valores apurados no exame; amniocentese; anomalia. Anomalia! Síndrome de Down! Nossa, e o Danilo? Como falar para ele sobre tudo que estava acontecendo? Como dizer que a probabilidade de nosso bebê nascer com uma anomalia, com alguma síndrome, seriam muito mais altas que o normal? E olha que ele nem imaginava a quantidade de síndromes existentes, eu havia estudado sobre o tema na faculdade, pouco tempo antes de engravidar... Tudo bem fresquinho na minha memória! Gente, como seria? Como falar pro Danilo? Chorando muito olhando aquelas roupinhas espalhadas pela cama, eu acabara de compra-las, naquela tarde!

Tão absorta nestes pensamentos, nem vi o Danilo chegar. Quando ele me vê naquele estado, pergunta assustado o que estava acontecendo. Logo agora ele quer falar? Agora eu queria ser homem, ser monossilábica, ser rasa, concreta, e não dizer quase nada do tanto de tudo que eu precisava falar. Agora seria muito difícil!

Falei. Contei tudo que havia acontecido. Exame, resultado, conversa com o obstetra, probabilidades... Ele começou a rir. Pronto! O homem surtou de vez! Eu chorando, ele rindo. Casal em total sintonia (SQN!). O homem rindo e eu querendo dar-lhe uns tapas! Como assim? Aí ele me fala, calmamente:

D – Ah, eu já sabia!
H – Sabia do quê? O obstetra te ligou?
D – Não. O Orientador já havia me falado sobre isto?
H - Como assim? Falado...
D – sobre tu ter que fazer este exame, do resultado do exame, que a medicina não entende nada sobre estas alterações.

Eu imagino que minha cara deveria estar verde, vermelha, roxa... Pois eu estava muito brava com tudo aquilo que ele estava me dizendo. Parecia brincadeira de moleque!

H – Danilo, será que dá pra me explicar melhor? Eu não estou entendendo nada! Ele te falou quando? Como que ele sabia deste exame, do resultado?

Dá pra ser mais claro? Tens noção de como estou me sentindo? Do desespero que passei até agora pouco? E aí tu estás aí, a rir da situação?

D – Então, lembra daquela reunião que tivemos lá na casa do Grandão, quando voltamos da fazenda em Lavras? Lembra que ele ficou de pegar mais informações sobre a pedrinha que surgiu no carro? H – Sim lembro, e daí?

D – Então, ele já havia falado que o bebê era especial. Mas depois, obteve maiores informações, e foi aí que ele me falou, lá na reunião, sobre o exame que tu farias, o resultado que sairia, que a medicina não entende nada sobre estas anomalias cromossômicas. O que é um defeito no DNA para a medicina, na verdade, se trabalhada esta "anomalia", se entendida, ela passa a ser uma qualidade. É uma alteração no GNA. Isto não é conhecido da medicina. Se fosse conhecido, poderia ser trabalhada, esta alteração, e isso passaria a ser uma qualidade, uma perfeição e não um defeito. Tudo isto é desconhecido da medicina.

A pedrinha discoide foi o sinal que o Orientador precisava para poder trabalhar energeticamente o nosso bebê, e assim ele não nascerá com anomalia nenhuma, muito pelo contrário.

Eu ali, atônita... Sem saber direito o que estava acontecendo. Mais uma vez, coisas acontecendo e eu não entendendo nada! Isto até já não era mais diferente, passara a ser normalidade!

D – Não te preocupa. Fica calma, tranquila, relaxa!

Claro! Pode deixar! Pede isso pra uma gestante! Diz pra ela ficar calma, depois de passar por fortes emoções. Calma? Na manhã seguinte precisei ir ao banco. Estava lá na fila, aguardando para ser atendida, toca o meu celular, atendo sem saber quem era. Era o Orientador. Não lembro exatamente o que ele falou. Também não entendi porque ele estava me ligando naquele horário, considerando que ele nunca havia me ligado antes.

Perguntou como eu estava passando. Que eu não me preocupasse com o resultado dos exames. Repetiu quase tudo que o Danilo havia me falado na noite anterior. Disse que eu ficasse tranquila que ele faria em mim, todos os meses, o que denominou de "ativações" no meu bebê. Que nosso bebê era um ser muito especial. Tão especial e forte que havia materializado a sua pedrinha discoide. (coisa que nenhum de nós conseguiria fazer sozinho!). Ele, no meu ventre, já havia se manifestado e mostrado seu potencial energético. Que todos os meses, durante toda a gestação, ele viria fazer as ativações. Que eu, por outro lado, precisaria me manter calma, evitando fortes emoções, sem chorar. Sim, eu não poderia chorar!! Como assim, não chorar? Como ele pedia isto para uma grávida? Falou comigo por uns vinte minutos mais ou menos. Muitas informações e solicitações para eu seguir ao pé da letra!

Alguns meses depois... Com sete meses mais ou menos, estou dormindo e algo estranho me desperta. Entre acordada e sonolenta eu acordo com sensação, um espécie de toque, carícia na minha barriga. Não tenho como descrever, em palavras, pois era de uma leveza, de uma sutileza, quase como se fosse uma brisa me tocando, ou melhor, nos tocando. Abri os olhos e ouvi uma voz, tão suave quanto o toque, dizendo: " - Vamos, que ela vai ficar assustada." Ao que eu, imediatamente, respondi, mentalmente:
" - Podem fazer o que vieram fazer, não tenho medo de vocês.". Então, aquela sensação de brisa acariciando minha barriga continuou. E eu entendi que estavam "ativando" nosso filho.

2- O Nascimento do Bernardo

Resumidamente o dia 15 de março amanheceu tranquilo. Com uma sensação de euforia e pelo meio do dia umas dores na barriga. Mãe de primeira viagem, sem nenhuma ideia de nada, a não ser as "imposições" feitas ao obstetra: (somos amigos de longa data, por isso a relação mais íntima e pessoal).

H – Na hora do parto quero as pessoas que considero importantes pra mim junto comigo; Como se fosse um parto em casa, com música; nada de agulhas (morro de medo, por isso a escolha do parto normal, sem analgesia).
O – Sem problemas "Lourdes Helena" (ele é o único que me chama pelo nome completo, e eu obedeço!). Faremos tudo como desejares, para te sentires confiante.

As 17h fui ao consultório dele pois as cólicas não cessavam. Fui com a Luci, minha melhor amiga e comadre 2 vezes (sou madrinha do filho dela e ela é madrinha do Bernardo). Encaminhamento da consulta: ir pra casa pegar as malas e "partiu hospital"! Como assim? Ir pro hospital? Mas agora? Já? Sério? Não, eu precisava de mais um tempinho pra me preparar!!!! (como se 9 meses não tivessem sido suficientes!). Quanta ansiedade! Quanto receio. Será que tudo daria certo? Será que todas as ativações feitas teriam sido suficientes? Será que ele nasceria saudável, perfeito, sem síndrome, sem isso, sem aquilo? Será que o Orientador teria sido suficientemente capaz de fazer tudo certo para meu filho nascer perfeito? Não, definitivamente eu não queria ir pro hospital naquele momento!

Mas a vida, inevitavelmente, segue seu curso. E lá me fui, com malas e bagagens! As 20h30min demos entrada no hospital. Depois dos preparos prévios para o parto, estamos lá, na sala de parto, batendo um papo legal, obstetra do meu lado esquerdo, segurando minha mão, do lado direito, Danilo e minha tia, ele segurando a mão que restava e minha tia fazendo cafuné. Obstetra contando piadas... Rimos muito, de acordo com as possibilidades que as contrações me permitiam. Próximo das 23h30min, mais umas contrações e tal e coisa... Contrações aumentando o ritmo, estávamos lá, conversando quando, do nada, sinto novamente aquele "toque", aquela mesma carícia, brisa que sentira naquela madrugada. Olhei para todos, todos estavam ali pertinho de mim; perguntei se havia alguém tocando em mim, na minha barriga, ao que me responderam que não. Obstetra se abaixa e fala ao meu ouvido:

O – Não te preocupa. São seres de muita luz que estão aqui nesta sala, preparando a chegada dele! (Depois vim a saber que o obstetra é Kardecista).

Bem, entendi que, novamente, eles estavam ali, ativando nosso filho. Isto ocorreu um pouco antes da meia noite. A meia noite e quinze, do dia 16 de março de 2001 o Bernardo chegou neste mundo 3D! "Seja muito bem vindo ao mundo Bernardo!" (Ouço o obstetra exclamar), em meio a infinitas emoções que somente os filhos são capazes de promover!!!!!

Então nasceu o Bernardo. Perfeito! Com nota máxima no Apgar: 10; pesando 3390g e medindo 51cm. Então foi isso! Pra quem tinha a chance de 1/3000 de nascer com uma "anormalidade", o guri estava ali, muito saudável e perfeito! O Orientador estava certíssimo!

Vou aqui fazer uma observação. Muito antes de engravidar, quando senti aquela vontade de ser mãe, eu ainda estava trabalhando numa empresa de grande porte lá em Porto Alegre, e neste período, tive uma forte intuição, que deveria engravidar naquele momento, pois a empresa, apesar de ser forte no Brasil todo, viria sofrer uma forte recessão e tudo que isto representa no mercado. Uma amiga me indicou uma vidente para eu ir dar uma "espiadinha" no futuro. Curiosa, lá fui eu e o Danilo. Uma curiosidade, ela não atende homem. Mas quando liguei para marcar a consulta, ela me disse que meu marido deveria me acompanhar. Chegando lá, fomos recebido por ela, uma mulher alta, sotaque diferente, chamada Tula, de origem grega. Fomos para a sala e ela me pediu para eu beber um café, pois além das cartas, ela utiliza a cafeomancia como ferramenta para prever o futuro. Iniciou o atendimento falando do meu trabalho, do trabalho do Danilo... lá pelas tantas, ela disse que estava toda arrepiada. Que estava vendo, entre eu e o Danilo, uma luz muito forte, que invadia a sala toda, com uma vibração muito forte e boa. (diálogo literal):

T – Vejo que a sala está inundada de uma luz muito forte, quente, algo que eu nunca vi antes, e olha que já vi coisas! Esta luz está exatamente no meio de vocês dois! É um anjo de luz! É um ser muito especial. Que virá ao mundo com uma missão muito especial. Poucos seres vieram aqui na terra com esta missão. Vocês não tem ideia de quem seja. Vocês conseguem ver esta luz?(ver eu não via nada, mas sentia um calor intenso). E continuou:

T – Na verdade Helena, tu viestes aqui apenas para confirmar o que tu já sabes, a respeito deste filho que precisa vir ao mundo. Apenas estás utilizando a mim para fazer com que teu marido, teimoso, entenda tuas razões. Existem questões práticas a serem administradas para a chegada deste ser. Façam o que tem que ser feito. Danilo, aceita e ouve mais as previsões que tua mulher faz. Não é atoa que te chamei aqui, pois não atendo homens. Atendo muitos figurões da cidade, mas só através das mulheres. Tu foi uma exceção, dada a necessidade do caso. Creia mais nas palavras dela. Para encerrar, fez uma oração e fomos embora.

Este relato talvez não precisasse constar aqui, mas achei pertinente, pois ele se encaixa perfeitamente como o que o Orientador havia nos falado sobre o nosso filho.

E o tempo foi passando, Bernardo foi crescendo, saudável e feliz. Eu retomei minha vida acadêmica, fui fazer estágio no hospital psiquiátrico da capital, eu estava estagiando onde queria. Tudo certo, até que, do nada comecei a ficar demasiadamente enjoada com tudo e todos os internos. Os colegas de estágio me apelidaram de "a nojentinha". Eu sem entender nada, afinal eu não era assim, tão e tão nojentinha!

Bernardo com seus dois anos e dois ou três meses, numa bela manhã de um sábado, chega na cozinha, onde eu estava preparando a "dedeira" dele, abre os bracinhos na porta e diz pra mim:

B – Mamãe, tem um maninho na tua barriga! O nome dele é Matheus. Ele é meu filho. Ele veio pra bincá comigo. Vamo joga boia!"(sic)

Eu olhei pra ele e achei graça. Pensei: criança diz cada uma! E "expliquei": - Não meu amor, não tem maninho nenhum.
B – Tem sim mamãe. Ele é meu filho! Pensei/falei pra mim mesma:
- Hahaaaaaaam! Guri maluquinho!

3- Outro Filho Diferente?

No estágio, devido ao estresse, eu acabei baixando minha defesa imunológica e, quando vi, estava com um herpes na boca. Procurei minha dermatologista. De acordo com os sintomas que descrevi, o diagnóstico final foi que eu estava com herpes zoster. Minha dermatologista me perguntou se eu não estava grávida, pois o tratamento para tal patologia seria fazer uso de um medicamento fortíssimo, o qual é proibido para gestantes, pois um dos efeitos colaterais é afetar o sistema nervoso central do feto. Me perguntou se eu tinha certeza de não estar grávida. Eu, claro que com toda certeza, lhe disse que não sabia.

Fiz o tratamento, a patologia não evoluiu. Tudo bem, seguindo o estágio, completamente enjoada daqueles internos, doentes, sujos, babados, com piolhos, unhas grandes e sujas... Cenário dos infernos! E eu que antes adorava estar ali, por conta de ver na prática (os transtornos mentais), que vira na teoria, em aula. Agora me sentia praticamente no inferno, no limbo. Quatro meses e, bem, estava estranha, ciclo menstrual atrasado, e eu nem havia me dado conta deste atraso! Corre lá, faz exame e: positivo! Como assim? Desespero total!! Nossa! Lembrei daquele medicamento que havia tomado! Palavras da médica gritando: afeta o sistema nervoso central do feto!!!!!!!!!

Pra resumir mais a história, falando com o Orientador, ele "esclarece:

O – (...) É o seguinte, o Bernardo, sabendo da grande missão que ele tem aqui na terra, então ele foi lá no "Eu Superior" dele, deu um comando e enviou três crianças aqui pra terra, para ajudarem ele quando for a hora. Foi ele que fez com que o Edu e a Rita se conhecessem; assim como a filha deles faz parte do grupo de crianças que ele mandou pra cá. Pra vocês verem como ele é. Nenhum de nós faz, ainda, o que ele faz. Ele está adiantado. (...). Estas crianças também terão os GNA's duplos, como o Bernardo, que foi o primeiro e que eu pude acompanhar; elas também serão especiais para o mundo, dentro da missão dele.

Relatei o tratamento que havia feito com o medicamento. Fiz o mesmo exame gestacional, com resultado igual ao do Bernardo. Altíssima probabilidade do bebê nascer com alguma anomalia... Nova gestação complicada? Em princípio não. Como o Bernardo fora a primeira criança que o Orientador pode ativar, para alterar sua genética e deixa-la perfeita (aquilo que a medicina entendia por defeito em algum cromossomo), ele via como possibilidade de perfeição, fora feito e agora não precisava mais fazer qualquer tipo de ativação.

Então gestação mais amena. Partiu parto! João Pedro veio ao mundo numa segunda-feira, do dia 26 de abril de 2004. Lindo, perfeito, saudável e faminto!

Fui para o hospital as 8h30mim e ele nasceu exatamente ao meio dia e quinze minutos, do mesmo dia, de parto normal, sala com música suave, nós todos rindo, felizes. Ele nasceu com Apgar 10; medindo 51cm e pesando 3390kg, exatamente igual ao seu irmão; ou filho, como o próprio Bernardo dissera, naquela manhã de sábado!

A sincronicidade entre eles desde sempre pode ser observada. Nasceram em anos diferentes e em turnos diferentes. No restante, foram exatamente iguais. E, salvaguardadas suas respectivas personalidades, a energia de ambos é muito semelhante. Diferem sim, o Bernardo é mais sério e adulto (desde pequenininho sempre foi adulto); João Pedro é mais *light* com a vida. É mais "descansado". Acho que um veio pra complementar o outro, buscando um equilíbrio entre os extremos.

Teria muitas experiências mais para apresentar, no que diz respeito a este "mundo diferente", este modo diferente de ver, sentir e experienciar as coisas. Mas acho que estas poucas que dividi aqui com vocês foram as mais significativas e que, posso lhes garantir, mudaram minha vida para sempre.

Nada de excepcional, de cunho religioso ou político penso ter lhes apresentado aqui. Apenas minhas experiências, realmente diferentes e modificadoras para minha visão de mundo. As coisas parecem que foram fazendo sentido, não pelo simples fatos de tê-las vivenciado. Mas por ter tido o ímpeto de, em dado momento de minha existência, ter despertado. Acordado para uma realidade que até então, desconhecia totalmente. Entender que despertar é muito mais que meramente acordar, levantar e sair automaticamente fazendo tudo sempre igual. Despertar vai além do senso comum do que está posto, sabe-se lá por quem ou porque. Não ficar conformado com o que nos é imposto. É questionar. É buscar, é evoluir, na mais profunda concepção da palavra.

Busque, sempre, conhecimento verdadeiro. Para isto, basta questionar, pesquisar profundo. Será mesmo que o mundo em que vivemos é real? Será mesmo que o planeta que habitamos é redondo? Será mesmo que a realidade é real?
Será mesmo que o que as religiões, independente do credo que for, são assim, tão fiéis à verdadeira história.
Será que as histórias que nos contam são, de fato histórias, ou meras estórias?
Será que quem nos governa não é governado por alguém ou algo?

Será que estamos sozinhos neste universo infinito?
Existirão outros mundos?
Pergunte! Mas saiba fazer a pergunta certa.
Questione sempre a resposta!
Busque o conhecimento. Sempre! Pois nada é constante!

Capítulo V

Pérola do Universo

PIONEIRA- Neuza da Silva Santos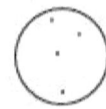

No ano de 2009, eu Neuza e mais seis mulheres, estávamos no munícipio Corguinho na região do paralelo 19, onde existe um grupo que estuda mundos paralelos , ufologia, civilizações.

Numa noite depois do jantar, resolvemos subir no morro da fazenda e andar numa trilha em fila indiana, de repente, uma luz muito forte, cor Pink, estourou no meio da mata. Nunca tínhamos visto uma luz tão linda e brilhante em toda nossa vida. Paramos de caminhar e aquela luz começou a conversar conosco, eram 02 casais, um de Orion e o outro de Plêiades.

Falaram com todas nós, fizemos muitas perguntas, e nos explicaram que aquela luz era uma tecnologia deles, mas o que quero relatar deste incrível momento é que logo que eles chegaram, uma voz muito suave chamou meu nome claramente e disse:

-Você é a Neuza a primeira moradora de Zigurats.

Emocionada respondi: - Sim e está sendo muito difícil viver sem muitos recursos.

Ela responde: - nós sabemos!!

Nós vamos embora com a mesma tecnologia que aqui chegamos, cantando falou a palavra VIBRAÇAO! E aquela luz novamente na cor pink, brilhou em toda mata, deixando todas nós muito emocionadas, algumas até chorosas e com imensa sensação de muita paz.

ZIGURATS – Alcides Jr.

Por volta do segundo semestre do ano de 2002, durante um curso oferecido pela Polícia Militar em uma cidade no interior do Paraná, um Policial Militar, que iria ministrar as aulas, deparou-se com um menino sentado no banco do colégio. Este menino tinha por volta de 8 anos de idade, pele morena clara, cabelo castanho e arrepiado, e com os olhos azuis claros. Ocorre que os olhos deste menino tinham um detalhe muito diferente do que todos estavam acostumados a ver, pois a íris era na vertical, lembrava os olhos de um gato.

Esse detalhe despertou a curiosidade do instrutor, o qual rapidamente indagou ao menino se ele usava lentes, ou como seus olhos tinham ficado daquela maneira. O menino, muito tímido, respondeu que não usava lentes e que já havia nascido com os olhos daquela maneira. O instrutor, percebendo que o menino estava tímido, fez algumas brincadeiras com ele e em seguida, juntamente com os demais alunos, dirigiram-se para o local onde ocorreria o curso.

Terminado o curso, o instrutor dirigiu-se até a mãe do menino, a qual o aguardava no portão da escola, e comentou que seu filho tinha se destacado dentre as demais crianças pela alteração na íris dos olhos, perguntando a ela se já havia levado o menino a um oftalmologista e quais eram os resultados. A mãe prontamente respondeu que de fato o menino já havia nascido com aquela alteração e que já o tinha levado em vários especialistas, mas que estes não tinham respostas para aquele fato, pois o menino enxergava perfeitamente.

Surpreso com a resposta, o instrutor da PM solicitou se poderia apresentá-los a um casal de amigos que faziam parte de um grupo de pesquisadores em Mato Grosso do Sul, pois lembrava que, certa vez, eles haviam comentado que em uma das viagens um dos pesquisadores dissera que haveriam algumas crianças pelo mundo que iriam nascer com algumas mutações genéticas e, dentre elas, indicaram a íris na vertical como sendo uma dessas mutações.

A mãe um pouco assustada, mas também preocupada com o filho, pois não sabia se aquela mudança na íris poderia vir a fazer algum mal a ele, aceitou em conhecê-los, marcando para o dia da formatura do curso ministrado pelo instrutor da PM.

No dia marcado houve o grande encontro, no qual a mãe pode tirar suas dúvidas tanto em relação as características dos olhos do filho, bem como sobre o casal e o tal grupo de pesquisadores, do qual faziam parte há muitos anos. Eles contaram que o tal grupo era conhecido na região, cuja sede está situada no município de Corguinho, Estado do Mato Grosso do Sul e localiza-se a aproximadamente 120 km de Campo Grande. Está situada a 19º de latitude sul, o que facilita e dá condições à ocorrência de fenômenos ufológicos, permitindo a pesquisa científica. Lá realizam pesquisas de diversas áreas do conhecimento, principalmente nos campos das ciências exatas e naturais, como Astronomia, Matemática, Física Quântica, Química, Geografia, Biologia e também no que se refere às ciências sociais como Psicologia, Antropologia, Arqueologia, Ufologia, História e Sociologia.

As pesquisas desenvolvidas são baseadas em uma nova metodologia de análise e estudo criada pela equipe de cientistas, que busca catalogar e levantar informações ainda inexistentes na imensa bibliografia através do estudo de civilizações antigas, arqueologia, astronomia, ufologia, astrofísica, física quântica, entre outras ciências ainda não catalogadas.

A mãe do menino ficou encantada e comentou que já tinha presenciado algumas situações estranhas com o filho em que apareciam luzes no céu, sabia que não era avião, pois as luzes se moviam em várias direções, mas até então não tinha certeza do que seria. O casal então explicou que as luzes eram fenômenos que ocorriam devido às características do menino e que não deveriam temer, pois as luzes estariam trabalhando a energia do local e deles, servindo como uma espécie de proteção para eles. Após os esclarecimentos, o casal convidou a mãe e o filho para irem a uma das viagens para conhecerem o local. A mãe respondeu que iria pensar no convite e responderia em outra oportunidade.

Passadas algumas semanas, a mãe liga para o casal dizendo que aceitaria o convite. A próxima viagem ocorreria em meados de dezembro de 2002. Chegando na sede, a mãe e seu filho ficaram encantados com tamanha beleza do local e pela recepção alegre dos integrantes do grupo. Haviam pessoas de vários lugares do Brasil e cada pessoa que passava pelo menino, parava para olhar seus olhos e tirar uma foto com ele. No início o menino ficou um pouco tímido, mas aos poucos foi se soltando, as pessoas começaram a brincar com ele e logo fez várias amizades.

À noite, logo após a janta, o grupo se reúne para uma palestra, na qual o palestrante, após abordar alguns assuntos, chama o menino à frente, juntamente com sua mãe, e começa a explicar que aquele menino era uma das crianças das quais ele comentara a um tempo atrás, das crianças que nasceriam com algumas modificações genéticas e que o menino tinha a íris na vertical devido a isso, e, ao final, falou para a mãe do menino que não precisava se preocupar, pois o menino era muito especial, que ele teria uma missão grandiosa pela frente e que estaria sempre protegido pelas luzes que ela comentara ter visto juntamente com o filho em outra oportunidade, pois aquelas luzes eram seres celestiais de outra dimensão que estavam na terra para ajudar a humanidade.

Durante toda a viagem, que durou cinco dias, foram muitas novidades e informações que eles adquiriram e na hora de ir embora o menino se entristece dizendo que não queria voltar para casa, pois tinha feito vários amigos e se sentia bem estando ali, com aquelas pessoas. A mãe explica, conversa e convence o menino de que eles deveriam voltar para casa, mas que retornariam em breve.

O menino ao chegar em casa, corre contar para seus avós sobre a viagem, dizendo que tinha feito vários amigos, que o lugar era muito bonito e que gostaria de ter ficado mais tempo lá, e os avós perguntam o porquê, ele responde que gostou muito do lugar e das pessoas, pois as pessoas pareciam ser diferentes, mais alegres e faziam coisas legais lá. Então, a mãe e o menino passaram a frequentar, isso até o ano de 2005, pois alguns obstáculos surgiram na vida deles fazendo com que eles se afastassem por mais de sete anos. No entanto, a cada dia que passava era possível identificar o olhar distante daquele menino, como se buscasse algum lugar no horizonte, parecia que algo estava faltando dentro de si. A mãe preocupada perguntava o que ele sentia e ele respondia dizendo que sentia um enorme vazio no peito e sentia muita falta daquele lugar em que ela o levara quando mais jovem.

O menino cresce, sua mentalidade amadurece, contudo, sempre discordando de algumas coisas que ocorriam a sua volta, principalmente em relação ao sistema em que as pessoas estavam submetidas a viver, pois faziam com que elas se tornassem escravos de alguma coisa indeterminada, que limita os pensamentos das pessoas a terem apenas uma certeza, a de que a vida se resume em "nascer, crescer, trabalhar, constituir família, trabalhar, envelhecer e morrer". Ele sempre discordou de tudo isso, pois sentia que a vida iria muito mais além dessa escravidão, e não entendia o porquê as pessoas ficarem nessa mesmice, por que elas não iam atrás de conhecimento, para se libertarem dessa venda que cega a realidade e os fazem viver num mundo totalmente obscuro, mas ele também sabia que eram poucas as pessoas que pensavam diferente, assim como ele. Então apenas refletia e sofria calado.

Em agosto do ano de 2012 o menino completa 18 anos de vida e, decidido, chega e fala para sua mãe que gostaria de retornar a participar das atividades junto aos velhos amigos. Ela demonstra certa preocupação, pois o filho nunca viajou sozinho e ela não poderia acompanhá-lo devido ao grande volume de trabalho, mas pensou bem e decidiu em ceder ao filho a oportunidade de buscar aquilo que lhe faltava, pois sabia que ele sentia muita falta daquele lugar e das pessoas de lá. Então, o menino feliz com a resposta de sua mãe, começa a se programar para a viagem, imaginando como estariam as coisas por lá, se haviam muitas mudanças, se pessoas novas teriam entrado no grupo, etc.

Chegado o dia, o menino parte de Curitiba com destino à Campo Grande, no Estado de Mato Grosso do Sul, onde foi recebido por um casal, amigos de sua mãe, que também frequentavam o grupo, e de lá partiram rumo à sede. Ao chegar, o menino sente uma sensação muito boa, como se de fato estivesse em casa, com amigos de verdade.

Após se instalar na hospedagem, ele sai para ver o local e conversar com as pessoas e, em pouco tempo, percebe que aquelas pessoas tem o mesmo pensamento que ele sobre as coisas que ocorrem na sociedade.

Desde o momento em que ele chegou lá, sentiu-se como se estivesse em uma outra realidade, a energia muito positiva, em que tudo vibra na energia da alegria, da prosperidade, do amor mútuo, em que as pessoas deixam seus problemas e dificuldades de lado, para buscarem um objetivo comum, qual seja o conhecimento, para evoluírem consciencialmente e, posteriormente, repassar tudo aos familiares e amigos, na esperança de que algum dia estas pessoas consigam tirar as algemas e libertem-se deste sistema que só os escravizam e, desta forma, iniciam um novo caminho na vida, onde só haja paz, amor, união, saúde e muita prosperidade.

Então, o menino começa a participar dos trabalhos com mais frequência, começando a entender o sentido de várias coisas do mundo todo e cada dia mais feliz por fazer parte daquele grupo. Muitos trabalhos foram realizados até o presente momento, mas como forma de ajudar as pessoas, o grupo de pesquisadores, receberam a missão de deixar um legado para a população, e esse legado é a construção da cidade autossustentável, com aplicação de tecnologias visando as mudanças climáticas dos próximos anos. A cidade recebeu o nome de Zigurats, "A Cidade Futuro", elaborada com construções diferenciadas da arquitetura comercial e tradicional, as casas possuem coberturas em forma de arco, domo, quadriculado e piramidal. Essa preocupação consiste em todo o desenvolvimento da cidade e, um dos propósitos sobre os formatos das casas são para suportar possíveis anomalias provocadas pela natureza, como terremotos, vendavais, etc.

A Cidade Zigurats está localizada sobre uma extensa placa de sedimento, que dificulta ou inibe a ocorrência de abalos sísmicos. Esta arquitetura diferenciada é resultado de uma tecnologia herdada de civilizações antigas para prevenção de terremotos ou outras catástrofes naturais. As casas possuem paredes espessas elaboradas para resistirem a ventos de até 300 km/h e a outras possíveis anomalias climáticas que possam vir a acontecer.

Assim, o menino segue sua trajetória, feliz de estar participando de vários acontecimentos que certamente farão a diferença futuramente e por fazer parte daquele grupo com pessoas diferentes, que buscam um caminho alternativo para suas vidas, buscando, acima de tudo, ajudar toda a população.

DESPROGRAMAR... E BUSCAR... – André Kollet

Há momentos (perigosos) em nossas vidas, nos quais achamos que já temos as respostas para tudo... que já formatamos as nossas "teorias de tudo".

Nestes pontos, dependendo de outros fatores, acabamos nos conformando com aquilo que, simplesmente "é assim"... ou criamos uma certa arrogância e passamos a defender as nossas teses. E, praticamente tudo o que se aprende, nos leva a aceitarmos uma vida subserviente e temente a "deus" e, como que num coroamento, no final de tudo, a morte. Não concordando com aquele modelo de deus no qual eu havia sido adestrado para acreditar, decidi que aquele modelo não mais servia... e isso foi lá no final da minha adolescência. E iniciei uma desprogramação.

Como eu não tinha muitas informações, até porque não as buscava, o mais fácil para mim foi passar a ser ateu. Deus não existe. Simples assim. E quase tudo estava resolvido. Passados alguns anos, verifiquei que eu havia resolvido o problema do "mundo"... mas e o meu ... como resolver ?

Qual é o sentido da minha vida ?

Puxa vida, só o que me faltava agora ! Querer achar resposta para isso ! Estava tudo tranquilo ! Era só não acreditar em mais nada, e, ainda, achar que a maioria das pessoas estava errada... Mas, ao mesmo tempo em que se desconstroem alguns antigos paradigmas, muitas portas para o NOVO se abrem. E iniciei a minha busca.

Logo me fascinei pela ideia de vida fora do nosso planeta e, consequentemente, pela real história da criação do homem na Terra.

Foi no final da década de 90 (1997 mais exatamente) que, durante um programa de TV conheci uma pessoa que falava algo diferente sobre a vida... sobre a criação da vida. A energia desta pessoa era muito diferente e chamou muito a minha atenção. Além das coisas diferentes que ele dizia, ainda conseguia fazer coisas "paranormais", que mais me intrigavam e despertavam. Passaram-se alguns meses, o programa saiu da grade de programação, e não mais tive notícias dele.

Por sorte, logicamente, não fui o único a ser "despertado" com tal programa. Outras pessoas seguiram as atividades deste "paranormal" e foram conhecê-lo de perto. Por obra do acaso (que agora sei...não existe), uma das pessoas que seguiu esse "cara", era bastante conhecida de um velho amigo. Foi só questão de tempo... e o plano se realizou. Conversando com este velho amigo, inclusive o questionava muito sobre as ideias que o tal "cara" passava, fiquei sabendo que já havia um grande grupo de estudiosos destes assuntos, que frequentavam um local, no interior do Mato Grosso do Sul (MS), onde o tal "cara" dava palestras e mostrava coisas muito "diferentes". Me vi desafiado a ir até este local, e ver... para crer... E fui.

Local: zona rural do interior da cidade de Corguinho – MS, no paralelo 19 sul. E assim começou esta nova fase da minha caminhada.

Encontrei um grupo muito diferente de tudo o que eu já tinha visto. Uma mistura de várias pessoas, de vários locais diferentes (tanto do Brasil, como do exterior), de todas as classes sociais, com as mais diferentes formações. Com ideias diferentes, mas todos com algo em comum: a busca pelo novo, a busca pelo conhecimento. Nas palestras, o "cara" falava de coisas muito diferentes a tudo aquilo que nós já havíamos estudado nos livros de história e de ciência.

De onde viriam todas aquelas informações ? Quando indagado, ele simplesmente dizia que falava com um "garoto das estrelas". E assim se seguiu. Muitas informações novas. Muito trabalho. Muito conhecimento. Muito despertar.

Chegado certo momento, compreendemos que MORRER não era a nossa única opção. Certamente, é a opção mais fácil e mais aceita por todos. Mas pode ser diferente. Nossa ! Se você ousar imaginar o quanto que, a "desconstrução da morte" te amplia os horizontes...!!! O quanto que isso mexe com tudo o que qualquer um planeja para a sua existência. O que isto pode nos trazer para descobrirmos o verdadeiro "sentido da vida" ! Não, não somos imortais. Não é isso. Todo mundo, que continuar vivendo na "mesmice"... vai morrer. Mas, há uma possibilidade diferente.

E assim se seguiram os estudos. A base de tudo é a busca por uma vida saudável. Todos no grupo cuidavam da sua alimentação. Os alimentos industrializados eram, sempre que possível, eliminados do cardápio. Drogas simplesmente não eram aceitas. Não há sentido nenhum nas drogas, as quais só te afastam da tua essência e te levam a acelerar a tua morte. Refrigerantes...nem pensar ... um dos piores VENENOS. Comer frutas, legumes e verduras, priorizando a ingestão de uma quantidade deles crus. Tão importante quanto a alimentação correta, era a busca pela manutenção do peso corporal dentro de uma faixa aceitável (respeitando algo parecido com aquela tabela do IMC).

Pessoas muito gordas, ou muito magras, têm dificuldades no funcionamento das suas glândulas e, ainda, dificuldade da circulação das correntes elétricas do corpo. Aliado a tudo isso, vem as atividades físicas. Para a geração de "carga elétrica", que faz circular energia por todos os nossos meridianos, a atividade física é muito importante !

Bom, além do cuidado com a saúde física, o "garoto das estrelas" também falava muito no cuidado da saúde mental. Cuidado como nosso "emocional".

Neste sentido, devíamos estar sempre atentos para com os nossos pensamentos. Buscando sempre estarmos focados nos pensamentos positivos. Aquilo que pensamos, nós atraímos. E isto é muito mais potencializado à medida em que o nosso conhecimento e nossa consciência aumentam. Quando o "garoto das estrelas" percebeu que as pessoas do grupo já tinham informações suficientes para cuidarem de sua saúde (de seus corpos), começou a passar tarefas para todos. E foram muitas tarefas. Uma, inclusive, no começo desta trajetória, foi a escrita deste livro. O qual tinha o simples propósito de despertar algumas pessoas a mais... alguns Dimensionais "adormecidos". Não vou falar da história dos Dimensionais agora. Mas se esta história desperta algo em ti, tenho certeza que você mesmo(a) fará esta busca... você mesmo(a) irá buscar os "descendentes" deste grupo... e os encontrará naquele endereço que falei acima... no "paralelo-19". Tivemos inúmeras outras informações sobre a criação da vida, sobre os supostos deuses criadores da atual raça humana, sobre outros povos, sobre outras dimensões... sobre tudo. Outra tarefa que recebemos foi a implantação de um novo modelo de sistema econômico, o qual fosse responsável por sustentar um Novo Governo do Bem. E assim fizemos.

Muitas tecnologias nos foram disponibilizadas e muitos produtos. Um dos mais impactantes daquela época foi a Argila Vermelha. Foi algo revolucionário. Fez o nosso conhecimento de alguns aspectos da área da saúde e da genética darem um salto de 150 anos (em poucos meses). Você, leitor, possivelmente, já é uma pessoa beneficiada por tal produto, talvez nem saiba disso.

Quase que na reta final desta jornada, o nosso desafio foi construirmos uma pirâmide, numa cidade que, naquela época, estava se iniciando, a qual chamamos de Zigurats. Antes desta grande pirâmide, porém, construímos uma bem menor (que, por sinal, ilustra a capa deste livro).

Cada tarefa, cada obra, tinha um propósito. E, todo este conjunto, faz parte do "legado" que aquele grupo deixou. Passados alguns anos, o grupo foi se propagando para todo o mundo, levando as informações principais para o crescimento em harmonia da humanidade. E, tal qual ocorreu com os Maias, numa certa época, aqueles que conseguiram realizar suas tarefas e cuidar corretamente de seus corpos, aproveitaram uma "janela", no tempo e espaço, no bailar do planeta Terra no Tecido Cósmico, e tiveram a oportunidade de interagir em outras dimensões. E assim se foram.

Quer saber mais sobre este povo... sobre este legado... Procure um espaço chamado "Monumento da Sublimação"... na sede na qual este grupo se reunia (próximo `a Zigurats). Lá haverá pessoas te esperando para passar muito conhecimento e te contar, detalhadamente, a história destes Dimensionais. Seja bem vindo !

Capítulo VI

Fenômenos

ENERGÉTICOS E ULTRAS - Suzana Ferrari

Assim como todos os participantes do grupo que faço parte há 18 anos sempre desejei algo mais da vida do que podemos chamar de comum. Meu interesse se encontra em descobrir o que há de misterioso, interessante, inusitado, fantástico...

Buscando conhecimentos aportei num local muito especial no "meio do nada", no estado do Mato Grosso do Sul, e que me trouxe "boa sorte", assim como seu nome. Quando cheguei me senti como voltando para casa, como se tudo fosse familiar e, com uma sensação desconhecida de saudade, me preparei para experienciar momentos inesquecíveis. Vou compartilhar com vocês uma das inúmeras vivências que tive com esse grupo, nesse lugar especial.

De madrugada, ao voltar de uma pesquisa sobre realidades paralelas no meio da mata, nos deparamos com cinco luzes vermelhas, do tamanho de uma bola de futebol, que estavam alinhadas no horizonte, a poucos metros de nós. Ficamos paralisados, observando a magnitude daquilo, que descobrimos depois serem sondas observadoras - objetos com tecnologia extraterrestres, não tripulados, mas comandados por seres inteligentes, e que têm como objetivo avaliar a capacidade vibratória e energética das pessoas. Enquanto observávamos, outras manifestações começaram a ocorrer. Pequenas luzes, de variadas cores - azuis, amarelas, rosas, prateadas - executaram um bailado suave, pipocando por toda parte, até chegarem perto de nós, explodindo numa imensa e linda formação de luz azul. Esses momentos, de pura beleza e magia, e por que não dizer, de ciência, se estenderam até quase o amanhecer.

Que emoções foram geradas após vivenciar esta experiência? Tudo o que enfrentamos para chegar ali - distância, calor, frio, sol, chuva, vento, lama, cansaço - culminou numa transbordante sensação de alegria, paz e sentimento de descoberta e realização. Hoje compreendo melhor os acontecimentos por que passei e ainda passo, juntamente com este grupo de pessoas diferentes. Recebemos informações de parceiros de outras dimensões, que nos auxiliam a ter uma melhor percepção do mundo em que vivemos e a nos preparar para descortinar o véu para uma nova realidade. Gostariam de conhecer?

MATERIALIZAÇÃO - Daisy O. Olayeni Ojo

Em junho de 2003 voltei à fazenda para o encontro com o grupo, e o cumprimento de determinada tarefa. Foram reunidas várias mulheres e ficamos em círculo. Logo a seguir nosso Líder passou por todas nós fazendo ativações no frontal. Depois chamou duas mulheres, eu e outra moça, para fazermos outro teste. Nós duas, nosso Líder e um companheiro que o assessorava, fechamos outro círculo, e de mãos dadas, juntamos nossas cabeças para puxar uma moeda que ele havia jogado no mato perto dali, para isso tínhamos 30 segundos. Na primeira tentativa não deu certo, mas na segunda a moeda caiu no centro do circulo. Conclusão; fomos aprovadas para a materialização do cristal.

Nós ficamos felizes pela conquista, mas ainda faltavam vários preparativos; como voltas no morro, acompanhar o por do sol para captar energia no frontal, banhos frios e outros.

No dia 24, eu e minha companheira, seguimos todo o programa de preparos, e à noite ficamos aguardando para receber novas instruções do trabalho, mas recebemos informações que os "ultras" (Seres energéticos) não vieram. Sem a participação deles não seria possível a materialização.

No dia seguinte, recebemos orientações de mudanças nos preparos, e tivemos que tomar 9 banhos frios, de 19 segundos, para expandir o campo biomagnético, com intervalos de 30 minutos cada. Foi um sufoco nós duas nos revezando em banheiros coletivos contando os minutos, pois tudo deveria ser sincronizado para não queimar a etapa. Isto, sem contar as voltas no morro, e o por do sol no platô, mas deu tudo certo apesar do cansaço era prazeroso. Após o jantar recebemos instruções para nos organizar e foi logo indicado o local onde seria realizada a tarefa. Prontamente fomos ao local determinado, e ficamos aguardando nosso Líder chegar, e ele não demorou a aparecer.

Ele colocou-me em um ponto de espera separada da colega, porque meu campo biomagnético não poderia interferir no campo dela. Primeiramente ele fez a ativação, e aí entrou o trabalho dos "ultras", não demorou 1 minuto e escutamos o barulho de uma pedra caindo no chão. Estava bem escuro, o piso era de pedra ardósia, e este foi um local estratégico, pois não poderia ser em local cheio de pedras porque após a materialização o cristal ficaria misturado com outras pedras, dificultando-nos encontrá-lo. Acendemos as lanternas e logo o encontramos, era um (quartzo de ametista), e aguardando seu cristal, rapidamente trocamos de lugar. Eu ali pronta para ativação e assim que ele começou, eu vi uma bolinha de luz rodando em círculos no meu campo biomagnético, o "ultra", e não demorou muito senti uma sensação de raspão no ponto do GNA, em seguida ouvimos o barulho do cristal cair no chão. Acendemos as lanternas e lá estava ele, o meu tão esperado cristal, um (quartzo de ametista) também, e eles eram bem grandes em relação aos outros que foram materializados depois. Bem aí sim pudemos festejar nossa conquista, nosso Líder nos orientou que deveríamos mostrar para todos que estavam presentes no refeitório, e que todos que quisessem poderiam tocar nos cristais, pois a energia iria se propagando. Saímos dali saltitantes e fomos dividir com todos nossa alegria. Mas a tarefa ainda não havia acabado, deveríamos a seguir, subir o morro e ficar uma hora e meia nas "marcas", (outro ponto energético de trabalho), e assim nós fizemos encerrando a tarefa com chave de ouro.

SAÚDE - Andrea Reikdal

Eu morava na Argentina em novembro de 2007.

Um dia estava lavando louça, e apareceu um energético do tamanho de um prato de cor branca e aquilo ficou parado como se estivesse me observando....eu não sabia o que fazer e fiquei somente observando. O energético desapareceu como, quando você desliga uma tv....fez um risco de luz dourada e sumiu.

Depois deste dia, resolvi ir ao Brasil, em dezembro de 2007, onde minha mãe morava....relutei muito para acreditar em seres extraterrestres, pois minha mãe vivia me pedindo para visitá-la e eu tinha medo que abduzissem minha filha... Quando consegui ir, finalmente no Mato Grosso do Sul, (na casa de minha mãe); tirei a simbologia e fui fazer um treinamento de cura, pois faziam 4 anos que havia feito uma cirurgia no útero e nunca havia retornado ao médico por medo de ter algo ou ter que tirar o útero...Fui orientada de ir até a caixa d'água (um ponto de treinamento) e fazer nove minutos imaginando luzes douradas saindo de minhas mãos com um manto marrom sobre meu corpo e depois dormir... No caminho da caixa d'água estava muito escuro e apareceu um ultra verde neon na altura de meu útero e sumiu de repente.

Este ultra me deu a resposta do energético branco...vi que era do mesmo lugar que vinha...

Fiz os nove minutos e quando deu os 9 minutos apareceu um som muito forte...me avisando que o tempo havia terminado. Depois disso fui ao medico e até hoje, está tudo certo os exames sempre estão ótimos!

Moro em Campo Grande para estar mais próximo à fazenda. Tive contato com seres de nona dimensão que deram um compromisso de fazer uma base de comunicação na Amazônia, uma na fazenda, uma em Corguinho e outra em Terenos. Não concluímos o compromisso, éramos nove mulheres, mas isto é outra história.

TELETRANSPORTE - Mamédio Gonçalves

No ano de mil novecentos e noventa e sete, chegando na casa de minha mãe, encontrei com Maria Helena, minha irmã, que se dirigiu a mim com um pedaço de papel na mão, onde estava escrito o número de um telefone. Ela perguntou se eu conhecia um senhor que iluminava as mãos. Respondi que não, e ela disse para mim: Ele vem aqui em Belo Horizonte nesse final de semana. – ligue lá e marque para você ir. Liguei para aquele número e comecei a participar dos encontros que ocorria na minha cidade. No primeiro dia, o orientador colocou as pessoas, formando um círculo e começou a ativá-las. Quando ele chegou em minha frente, passou o dedo indicador fazendo um círculo no meu umbilical, formando um aro de luz azul neon que permaneceu iluminando por vários minutos até desaparecer.

Continuei participando do grupo e após um ano fui convidado a conhecer uma fazenda no município de Corguinho, no Mato Grosso do Sul, local onde fica a sede desse grupo. Quando lá cheguei, fiquei impressionado com a beleza e os contrastes do lugar. O que me impressionou muito foi que bolas de luz de várias cores, subiam para o céu, em torno dos morros que circulava o local, como se fosse balões coloridos. Foi somente naquela viagem que aconteceu esse fenômeno para mim, e com o passar do tempo, conversando com as pessoas, fiquei sabendo que cada uma delas tinha vivenciado uma experiência diferente, na primeira vez que visitava aquele local.

Passei a ir com frequência a esse lugar, onde essas pessoas diferentes, estudam mundos paralelos, ufologia e ciências paracientíficas, com resultados muito interessantes. Com o tempo, o grupo passou a interagir com os parceiros das quarenta e nove raças, tendo como comandante um jovem das estrelas, dos quais recebemos informações e orientações em todos os ramos, ultrapassando os conhecimentos da ciência atual, que serão compartilhados com a humanidade do nosso planeta azul.

Um acontecimento muito interessante que ocorreu na minha presença e de outros companheiros, foi o teletransporte de nosso orientador, que estava trabalhando na cidade que estamos construindo. O jovem das estrelas nos fez uma proposta, para que escolhêssemos a ocorrência de uma demonstração, e então optamos pelo teletransporte do nosso orientador.

Ele foi teletransportado, dentro de uma caminhonete, numa distância de cinco quilômetros, passando sobre o nosso grupo que estava reunido no local denominado de pedra fundida, descendo na estrada que estava próximo a nós.

BILOCAÇÃO - Delvair Alves Brito

Em uma noite chuvosa, eu e os membros do núcleo de Brasília nos reunimos em um hotel fazenda nas proximidades de Brasília, lugar onde realizávamos nossos encontros. Após o jantar, o grupo saiu para as atividades. Eu e mais algumas pessoas ficamos no hotel e não percebemos que a ausência dos demais. Mais tarde, mesmo atrasados, eu e duas crianças de aproximadamente 12 anos de idade, saímos à procura do grupo, no escuro, usando apenas lanterna, beirando uma cerca de arame. Como não obtivemos êxito, resolvemos retornar ao hotel. No caminho, para nossa surpresa, uma bola de luz explodiu ao nosso lado e o amigo das estrelas apareceu. Nesse momento, eu falei:

- Vocês têm noção disso?

Ficamos paralisados e ao mesmo tempo eufóricos com a presença desse ser tão iluminado, que se pronunciou:

Ser: – Vibração sonora?
Nós respondemos informando os nossos nomes.
Ser: - Vocês estão perdidos?
Nós: – Sim!
Ser: – Então vou conduzi-los até o grupo, certo?
Nós, então, agradecemos ao amigo. Ele continuou:
Ser: – Olhem para a sua diagonal esquerda e verão a tocha acender.

Assim, o amigo das estrelas pediu para que nós atravessássemos a cerca, advertindo-nos quanto aos animais que havia no local e aos buracos existentes no capinzal.

Então nós caminhamos em direção a tocha e encontramos o grupo. O que me impressionou na experiência relatada foi que, ao mesmo tempo em que o Ser falava conosco, estava falando com o grupo sobre os perdidos. Ao encontrar o grupo, tivemos um show de luzes. Além disso, o Ser falou de bilocação e deslocamento. Essa foi uma experiência incrível, capaz de comprovar a existência desses seres queridos que vêm de outros mundos para nos ajudar a vencer as nossas dificuldades neste planeta.

TOQUE ESPECIAL – Rodrigo Kastrup

Dentre tantas experiências vividas desde que conheci e ingressei nesse grupo voltado para pesquisas paracientíficas, uma foi muito marcante. Esta não foi com nenhuma luz (que é a maioria das minhas várias experiências, nestes quase 20 anos de caminhada) e nem com qualquer parceiro das estrelas, mas com o próprio Orientador.

No ano de 2007, após o término de mais um seminário realizado no Rio de Janeiro, fui embora com um colega; mas quando cheguei na rua me deu uma vontade de voltar e tentar me despedir dele, o idealizador do grupo. Quando retornei ao salão, fui direto falar com ele, que parecia estar me esperando. Com simplicidade apertamos as mãos e nos despedimos, e ele me deu uma batida de cumprimento no peito, como um leve soco. Então, fui embora e ao chegar em casa abracei minha esposa com certa intensidade. Até aí, tudo normal. Mas quando tirei a camisa, para ficar mais à vontade, ela de imediato disse: "o que é isso no seu peito?!?!" Tinha surgido uma mancha como se fosse "sangue pisado" bem no meu plexo.
Fiquei intrigado e entrei em contato com o Orientador, que me tranquilizou dizendo que depois explicaria o ocorrido; mas me disse que eu poderia transferir esta energia para até 7 pessoas através de um abraço, pois seria muito benéfico à elas. Mais tarde vimos que a mesma mancha surgida em mim, mais sutilmente surgiu na minha esposa devido ao abraço que dei nela... Incrível!! Ficamos com a mancha por mais uns 7 dias . Prefiro não dizer exatamente do que se trata, mas pelas informações que recebi refere-se a um fenômeno que mais para frente chegará o momento de aflorar totalmente.

Vale mencionar que o Orientador é um cara que dedica a vida a mostrar ao mundo uma nova visão da realidade, nos mais diversos aspectos da mesma. Trabalho fantástico sendo desenvolvido.
Após isso, muitas experiências aconteceram comigo ligadas a esse "trabalho", inclusive uma já na fazenda Boa Sorte em MS, quando exalei muito perfume de rosas por todo o corpo, corroborando maravilhosamente a informação passada. Desde então, minha percepção do mundo, das pessoas, das crenças, dogmas e paradigmas que perduram nas mentes da maioria, deram uma reviravolta altamente positiva. Uma dádiva! Vibração!!!

A PEDRA – José Martins

Chaves Júnior

com o rosto mais claro

Surge uma voz na mata perguntando.
- *Está me vendo?*
- *Respondo. Não.*
- *UAU!!!*
E explode uma luz na mata.
E logo vem outra pergunta. -
E agora está me vendo?
- *Agora sim.*
- *vou andar na mata, me siga pela trilha. Tô pesadão, pesadão como um humano.*
E de repente depois de uns 5 minutos seguindo uma quase nevoa branca de pouco mais de 1,20 metros de altura e a uns 10 metros de distancia pela mata.
- *AHáááá. Você esta sendo treinado. Estou do tamanho natural, posso crescer?*
- *Sim.*
- *Posso aumentar mais? - Sim.*
- *Agora me sinto grande.*
E nesse momento já estava com uns 2,20 metros de altura. - *Sua roupa estava clara e agora esta escura.*
- *É que agora eu dividi a energia com as árvores. Tá me vendo bem com detalhes branco no nariz e na boca?*
- *Sim, tô vendo.*
- *Não esqueça de imagens angelicais. Aproxime-se, vou esticar a minha mão. Tá preparado? Pronto está na mão. Fecha a pedra e procure um ponto escuro e veja se a pedra reluz.*
- *Nossa ela está reluzindo.*
- *parabéns cara.*
Eu olhava a pedra na minha mão sob a sombra de uma árvore visto que a luz da lua cheia estava muito forte e via uma luz dourada que lambuzou os

dedos e a palma da minha mão, mas quando olhava de lado via o que antes era dourado agora era uma forte luz lilás.
- *Ahhhh, lilás é a cor da prosperidade.*
Mas quando relatei sobre a luz dourada me foi dito.
- *Que ótimo, você está absorvendo toda a energia vibracional e que era uma luz viva. Agora levante a mão direita fechada que está com a pedra que reluz.*
Um flash veio em minha direção na cor verde e dourado iluminando toda a mata e disse que a minha vibração iria atrair as pessoas da minha nação passada.
Pergunto, o que é, um anjo?
- *Vamos falar disso quanto terminar o seu treinamento, mas não é a conotação que todos conhecem.*
E de repente, explode novamente a mesma luz verde e dourada e ele desaparece na mata.

TROMBETAS DO AMANHECER - Angélica, Arthur

Ricardo Bastos Vieira da Cunha

"Visualize isso" disse ele para mim. Como poderia eu visualizar, imaginar, tentar me colocar no lugar deles naquele momento, naquela trilha?

Bom, explicando para você, talvez consigamos juntos.

Estávamos eu, Ricardo e Angélica conversando em um banco de praça, numa cidade do interior do Rio Grande do Sul numa fria primavera gaúcha. Em meio à um mate de chimarrão e outro, a boa conversa foi desenrolando e uma experiência ímpar foi repassada para mim.

"Em uma fazenda no interior do Mato Grosso do Sul, na localidade de Boa Sorte, Paralelo 19, eu, Angélica e o Arthur estávamos realizando pesquisas ufológicas. Não eram apenas pesquisas, era muito mais que isso. Era um passeio em família. Bom, e você sabe, passeios em família são as maiores aventuras!

Estávamos no alto de um morro. Havíamos caminhado por uma trilha até aquele ponto. O Arthur estava tranquilo, desde os 3 meses está acostumado com estas aventuras. Isso sem falar nas inúmeras vezes que eu e a Angélica, já grávida, viajamos para buscar conhecimento.

Chegamos numa espécie de platô. Um local lindo, com uma espécie de pedra derretida no chão. Aqueles lugares que dá vontade de sentar, observar, observar, observar e colocar as mãos no chão para tentar sentir o pulsar do nosso planeta.

A vista era linda. Mato, vales, colinas, araras voando em casais. Paramos, contemplamos o pôr do sol. Respiramos. Bom, subir o morro com o Arthur no colo não foi fácil...

Ficamos ali 19min. Apenas interagindo, percebendo o local. Respiramos aquele ar puro e seguimos a caminhada por uma outra trilha, desta vez mais plana e curta. Nos deparamos com uma outra região com pedra derretida no chão. Parecia um solo meio que vulcânico, ou como se tivesse caído um pedaço de estrela ali perto e derretido o chão com calor.

Acendemos nossas lanternas, e lógico, o Arthur tinha a lanterna dele. Aliás, quer ver uma criança feliz? Dá uma lanterna pra ela.

Enquanto os focos das lanternas dançavam no chão, podemos observar marcas geométricas encravadas, desenhadas em baixo relevo naquele piso derretido. Nos perguntamos: Como? E porquê ainda existiam outras marcas como se fossem sapatas de naves? Nos perguntamos, teriam aqui descido parceiros de outras galáxias?

Bom, nosso destino não era aquele ponto. Tínhamos que caminhar mais uns 10min por mais duas trilhas e assim fizemos.

Lógico, quando você se depara com locais assim, você se pergunta: o que aconteceu aqui? Porque essas marcas no chão? Sabe, há várias formas de buscar conhecimento, a que mais gostamos, é aquela quando vamos no local, falamos com os habitantes, conferimos in loco. Assim, o conhecimento é puro, sem filtros ou manipulações.

A caminhada continuou, as descobertas aumentaram, pois logo à frente, mais pontos interessantes. Encontramos duas crateras com água. Uma ao lado da outra. O Arthur adorou o cantar dos sapos. Lógico que ficaram um pouco tímidos com a nossa presença, mas foi só ficarmos quietinhos que continuaram.

Ali a parada foi rápida. Seguimos a trilha que agora descia o morro. Já era noite. A lanterna do Arthur iluminava nossa caminhada e o entretia.

Chegamos à outro platô. Menor e mais escondido, nos fornecia outra visão da paisagem. Agora, víamos as estrelas e algumas poucas luzes no horizonte, estas vindas de uma nova cidade de casas arredondadas, chamada Zigurats.

Ficamos naquele platô durante toda madrugada. Uma fogueira nos aquecia. Nossa, você não tem noção da sensação maravilhosa que é escutar aquele barulho de mato queimando no alto de um morro, num platô, coberto por um céu repleto de estrelas.

Quando estamos na cidade, mal olhamos para o céu. Quando olhamos, mal enxergamos a Lua, quem dirá as estrelas, pois as luzes da cidade ofuscam o brilho do céu a noite.

Víamos no céu algumas estrelas que andavam. Elas tinham rota curva, com velocidade oscilante."

Ei! Só um pouco. Até eu sei que estrela não caminha! Disse para o Ricardo. E se caminhasse, não andaria em curva, nem muito menos com velocidade oscilante! Seria tipo um cometa...

Ele sorriu e disse: "E avião? Será que não era?"

Respondi: avião até faz curva, mas não anda devagar e depois acelera. Ele pisca também, são luzes vermelhas e azuis.

Bom, então Ricardo e Angélica chegaram ao ponto mais incrível da nossa conversa.

"Depois daquela noite maravilhosa, em meio à natureza, fogueira e luzes que andavam no céu, recolhemos nossas coisas e voltamos por outra trilha. Reiniciamos a caminhada por uma nova trilha. Fomos apenas nós três. O Arthur dormindo no colo nos obrigou a fazer leves paradas para aliviar os braços e pegar um pouco de fôlego.

Passamos por pontos na trilha que pareciam ser perfumados. Muito legal. Sabe aquela sensação de que você não está sozinho? Pois é. Mas era algo muito bom. Uma saudade, mas olhávamos para os lados e apenas perfume.

Recuperamos as forças e continuamos o retorno. Então, mais uma parada e..."

E o que Ricardo?! E o que Angélica?! Perguntei.

E eles, o que falaram?

Tá preparada?

Lógico!

Bom, daí eles disseram:

"Levamos um dos maiores sustos de nossas vidas! De repente, no meio da trilha, bem numa brecha de mato, onde podíamos ver ao nosso redor, um barulho. Mas não era um barulho. Era um barulho gigantesco! Parecia um trator despencando morro abaixo. Vários cavalos! Pedregulhos gigantescos vindo em nossa direção.

Ficamos procurando ao nosso redor. Eu cheguei a proteger minha cabeça com as mãos. A Angélica tentava abraçar mais apertado o Arthur, numa tentativa de protegê-lo.

Foi um estrondo! Começou baixo, foi aumentando, ficou gigantesco e de repente acabou.

Foi assim que nos sentimos. Impressionante! Um som gigantesco que para nós, podia ser ouvido nos quatro cantos do mundo, tamanha força e intensidade. "

Mas e o Arthur? Perguntei.

"O Arthur?! Este ficou dormindo. Não escutou nada. Era a criança mais tranquila no colo de sua mãe.

Mas e aí!!? O que mais eles disseram?

Olha... Antes de continuar, vamos esquentar mais uma água para mais um chimarrão.

SINFONIA - Maria Elizabeth Olendzki

Em varias ocasiões algumas pessoas relatavam terem ouvido sons de sinos, flautas e música. Contudo, duas senhoras foram brindadas com o som de uma orquestra inteira, sim**, inteira**.

Tudo começou perto da caixa d'água, e era passado da meia noite.

As duas estavam sentadas próximas, uma mais a frente, no seu banquinho com almofadas. Embaixo, estava um cachorro deitado. A idosa tentava interagir com os parceiros, enquanto o cachorro se coçava.

- Meus amigos apresentem-se, estamos aqui com muito respeito e amor. Queremos mudar a nossa vida e das outras pessoas também. (sai cachorro, gritava).

- Hoje pode ser a diferença pra nós. Amamos a humanidade. (sai cachorro, continuou).

- Temos muito amor para todos. Queremos fazer o bem. (sai cachorro, mais irritada).

O cachorro continuava se coçando e ela, exasperada pega o guarda-chuva e bate no animal que se afasta rapidamente.

A observadora, mais atrás, não consegue reprimir a risada. Era muito contraditório o comportamento da idosa, meigo, cheio de amor e suave num momento e, irritado noutro. Ambas riem muito, até que inicia uma orquestra sinfônica, que as emudeceu.

Foi executada magistralmente a música tema do filme "Contatos imediatos do 3º Grau". O som saiu alto e claro pra quem quisesse ou pudesse ouvir.

TEMPO ZERO - Vinícius Camacho Pinto

É noite, e você está em uma trilha sobre um morro da Fazenda Boa Sorte, no cume dos estudos paranormais . Está em curso uma interação na mata com possíveis realidades paralelas.

Alguém experiente, que coordena as atividades, informa: "vocês podem vivenciar o 'tempo zero'".

Minutos depois, instantaneamente, o absurdo acontece. Toda a mata ao redor se silencia, como se a mãe natureza fosse desligada por um interruptor, exatamente como se cada grilo e cada sapo subitamente adormecesse, causando um hiato sonoro desconcertante e ensurdecedor para o maior dos céticos.

Você fica perplexo, mas reluta em acreditar. "Deve haver uma explicação", você pensa.

Após alguns segundos tentando entender analiticamente e perante a força da inegável realidade a sua frente, você desiste, aceitando que toda a sua lógica racional talvez não seja capaz de explicar um fenômeno tão inaceitável.

Então sua mente para. Por um instante não há mais pensamentos nem julgamentos, pois eles são inúteis. Você se pega serenamente contemplando o momento como uma criança pura e livre de condicionamentos. Após cinco anos e centenas de inacreditáveis interações diferentes, o "absurdo" se tornou normal, e o que era "normal" se tornou absurdo.

A NAVE PLASMADA - Patrícia Alves de Assis

- " Todos em frente ao refeitório: agoraaaaa!" Era o som do megafone, tocando a musiquinha do "Titanic". Era a minha primeira viagem para essa fazenda no interior de Corguinho, Mato Grosso do Sul, sede do grupo de evolução mental, para o qual fui convidada por uma amiga e que me surpreendia a cada momento.

Um local que me aflorava emoções intensas. Pessoas que me despertavam amor à primeira vista, como amigos que você não encontra há muito tempo, mas que permanece aquele sentimento de amizade. Outros me irritavam por muito pouco. E ficava intrigada com esses sentimentos que vinham à tona.

Depois, fui saber que era a lembrança de vidas passadas, que poderia ser despertada ali, um local de hiperatividade vibratória, localizado no paralelo 19, propício à elevação de nossas ondas mentais e ampliação da capacidade cerebral, acordando nossos potenciais adormecidos, entre eles, a capacidade de acessar essas vidas passadas.

Fomos para o refeitório para saber quais seriam as orientações para a atividade do momento. Um grupo seria selecionado para ir a um ponto distante, perto de um morro quadrado e o restante deveria ficar em frente ao refeitório na sustentação da energia. Para isso, ficaríamos dançando e cantando, como em uma festa. Mas sem nenhum tipo de bebida ou substâncias que alteram o estado de consciência. Entrar na frequência da alegria. Festa era comigo mesmo. Adorei!

O critério de seleção foi: quem iria embora no dia seguinte. Minha amiga entrou no grupo! Achei o máximo, pois ela poderia me relatar tudo que aconteceu no local. Eles iriam observar algum tipo de manifestação de realidades paralelas. Quanto a mim, estava animada de ficar na tal festa com meus novos melhores amigos de infância.

Então, estávamos lá, dançando e cantando por horas, rindo, contando piadas, muito divertido. Alguns já mostravam sinais de cansaço pela espera. De repente, ao longe, vemos várias luzes espocando no meio da mata, perto do morro quadrado onde o grupo selecionado estava. Em seguida, apareceu uma forte neblina no pé do morro e, de forma impressionante essa neblina chegou até nós com muita rapidez. Não poderia ser uma neblina comum, pela velocidade com que tomou o lugar. Me lembrou o livro das "Brumas de Avalon". Era uma neblina congelante. A temperatura caiu muito e eu nem estava de casaco. Que frio! Com a mesma rapidez que a neblina se formou, ela desapareceu. E no céu surgiu uma nuvem em forma de disco voador. Na minha cabeça veio o pensamento: uma nave! Mas meu racional rapidamente cortou dizendo que era apenas uma nuvem em forma de disco. As pessoas diziam que era uma nave plasmada e as que estavam no pé do morro confirmaram, eles viam mais de perto.

Fiquei imóvel impressionada olhando para aquela nave e sentia como que uns choquinhos percorrendo o meu corpo, como uma energia subindo. De repente, do nada, a nave sumiu. Em um segundo, como se tivesse entrado em um portal. Uma nuvem não poderia desaparecer daquela forma, instantaneamente. Foi incrível.

Quando o grupo que estava no pé do morro voltou, minha amiga me contou que, aquelas luzes que nós vimos ao longe, eram vários portais se abrindo em volta do grupo e que foi a coisa mais linda que ela já viu na vida.

CONTATO - Candice Maria Chaves de Barros

No ano de 2010, chegando em uma fazenda que fica localizada no município de Corguinho/MS, me deparei com um local de energia ímpar, onde a natureza é abundante e cujo administrador possuía habilidades peculiares. Entre elas, a de estabelecer contato direto com seres inteligentes, vindos de outra dimensão.

Esse era mais um dos inúmeros encontros com grupos de pessoas, cujo interesse era também desenvolver habilidades, com o objetivo de evolução pessoal e melhor qualidade de vida.

Era o meu 1º dia lá e estávamos, todos, reunidos em um terreno amplo, rodeado por uma mata. O líder do grupo disse que 07 novatos (éramos 15, no total), poderiam tentar um primeiro contato com um desses seres. Estava um pouco distante, corri para perto, e chegando lá pedi para ir junto. Fui inserida no grupo, fechando os 07.

Nos dirigimos até a mata, entramos nela e começamos a andar. Por vezes, escutava barulho de pedras caindo ao meu lado e galhos se quebrando. Fiquei intrigada, pois não via as pedras e nem identificava os galhos. Nosso guia pediu para pararmos e sinalizou um ponto bem para dentro da mata. Foi até lá , enquanto nós ficamos aguardando, bem atentos, ao que acontecia. Começamos a escutar uma conversa que vinha de onde ele estava. De dentro da mata escutamos o líder, que falou alto, para relaxar os ombros e ficarmos tranquilos.

Obedecemos e ele então nos informou que um " amigo das estrelas" estava ali e, se quiséssemos, podíamos formular uma pergunta mental para ele. Um de cada vez. Pedi a vez, fiz a pergunta na mente e na mesma hora uma bolinha macia, da própria mata, foi jogada em minha testa. A partir daí, a cada pergunta que um fazia, vinha uma bolinha na testa. Começamos a rir e se estabeleceu um clima de descontração e leveza.. O líder conversou um pouco mais com o amigo e depois nos avisou que ele marcou mais dois encontros conosco. Nas duas noites seguintes iríamos para pontos diferentes para mais dois contatos.

Nas duas noites que se sucederam, fomos, então, para os locais indicados, nos horários marcados. Os momentos que transcorreram foram, bem diferentes do 1º dia. Escutamos a voz do nosso amigo, agora bem mais de perto, entre várias caminhadas. E, na última noite vimos algo surreal! Á medida que ele se movimentava, fachos de luz apareciam, combinando com os movimentos dele.

Em determinado momento, fiz uma pergunta verbal a ele sobre o grupo de amigos a qual eu pertencia e com o qual reunia-me, em minha cidade Natal-RN, para estudar a natureza, seus fenômenos e os diversos mundos paralelos. Ele prontamente me respondeu, verbalmente também e, a partir daí, em diversos locais e ocasiões diferentes, pude ter o prazer de contatá-lo. Uma delas com a presença de minha filha, na época, com 10 anos. Ela e um amigo da mesma idade, além de escutar o "amigo das estrelas" puderam visualizar a sua silhueta.

Esses foram e ainda são momentos preciosos, pois nos são passados ricos ensinamentos para a nossa missão no planeta Terra.

PLASMA - Cássia Kesselring

Em 2005 um amigo me convidou para ir passar um final de semana em um hotel fazenda no interior de SP em uma cidade chamada Nazaré Paulista. Lá estariam muitas pessoas reunidas, todas tinham algo em comum, eram diferentes da grande maioria das pessoas do planeta. Eu como sempre me senti um peixe fora d'água como em todos os ambientes que frequentei, pensei que poderia ser a chance de esclarecer o porque dessa minha maneira de ser tão adversa.

No dia marcado, saímos de Curitiba em uma van lotada de pessoas que eu não conhecia, mas empolgada com a aventura, e esperançosa de encontrar a minha tribo no planeta, lá fui eu.

Ao chegarmos ao hotel fazenda, nos instalamos em dormitórios coletivos separados por sexos, isso para mim já foi algo diferente, conviver com outras pessoas em um mesmo ambiente para dormir e dividir o banheiro, mas vamos lá. Olhando o lado positivo, notei que as mulheres do dormitório logo começaram a conversar comigo sem nenhuma dificuldade, ou formalidades de apresentações, coisa nada corriqueira em minha vida, já que eu sempre vivi em Curitiba, uma cidade conservadora e formal. Estranhei mas fiquei feliz, por estar conhecendo novas pessoas de vários cantos do país.

A noite após o jantar, nos reunimos no campo de futebol, separados em filas por idade, imaginem tinha fila , dos 80 anos , dos 70 anos e assim por diante. E lá ficamos todos sentados em nossas cadeiras de praia que levamos de casa junto com lanternas, repelentes , um kit mato completo, já previamente solicitado. As horas se passavam, eu não tinha a menor ideia do que eu estava esperando, mas o papo muito agradável, as pessoas muito simpáticas e descontraídas, lá eu fiquei até as 4:00 hs da manhã. Quando fui chamada para entrar no bosque com mais dois senhores e uma senhora, todos da mesma fila dos 40 anos, a idade que eu tinha na época.

No Bosque havia um senhor da nossa idade mais ou menos, ele pediu que juntássemos as nossas cabeças, então eu Cássia, a senhora Adalgisa, o Jorge e um Senhor que não me lembro seu nome, unimos nossas testas, com um galho verde unido ainda a árvore, passando entre nossas testas. E foi nos solicitado, que pensássemos alguma coisa boa para o planeta. Assim fizemos, e para a nossa surpresa: luzes verde neon explodiram 3 vezes dos nossos plexos solares.

Maravilhada, curiosa e feliz, decretei naquela mesma noite que esse grupo de pessoas e os estudos aos quais elas se dedicavam, fariam parte da minha vida. Após 11 anos de dedicação aos estudos da ufologia moderna, eu continuo maravilhada, curiosa e feliz.

BIOPLASMA – Loiva Zübghen Bertol

Em uma atividade de um grupo que participo, no interior do RGS, meu marido e eu recebemos uma orientação para realizarmos uma atividade. Num local a nossa escolha, resolvemos ir para o meio de uma plantação de pinheiros.

Lá ficamos deitados num determinado tempo, passado uns 10 mim, levantamos e no contorno de onde estávamos deitados havia pontos de luz. Fomos orientados a deitar novamente e após isso começou sair do chão e atravessar nosso corpo uma espécie de fumaça transparente que subia, lentamente.

Foi a experiência mais incrível que já tive na vida! Realmente algo de "outro mundo".

VIVÊNCIAS – Ismael Trindade

Após fazer uma breve análise dos Diferentes, até aqui, venho fazer um resumo das minhas experiências nesse grupo dos Diferentes, porque para eu citar todas, preciso de um mês para escrever. Eis a seguir algumas delas:

a) Banho de Plasma.
Fui incluído no primeiro grupo a fazer o plasma. Trata-se de um banho de fogo que vem do Céu, mas que não queima, semelhante ao que aconteceu com os discípulos de Jesus. O grupo deitou numa pedra, com óculos

escuros para proteger os olhos, e esse fogo passava sobre nós por algum tempo, parecendo um enxame de abelhas. Foi surreal, tudo filmado!

Um fato interessante e inédito aconteceu comigo dias antes do plasma. Acontece que na época alguns colegas estavam com medo de fazer essa tarefa, e isso acabou me preocupando. Assim, quando eu me deslocava de carro, uns dias antes, para realizar aquela tarefa, eu recebi um aviso na minha mente, como se fosse alguém falando! Eu estava há uns 80 km/h quando a minha mente me falava, enquanto lágrimas desciam no meu rosto: "Vá e não tenha medo, faça tudo em nome do Cristo que nenhum mal lhe atingirá". Ouvi mais algumas mensagens que dispensam comentários! Não me lembro de tudo, e é a primeira vez que estou relatando esse fato. Conclusão, eu fui, participei da tarefa, sem medo, e foi maravilhoso participar daquela inédita experiência!

b) Contato com Pessoas das estrelas.

Fui designado pelo líder para o primeiro encontro com Seres de outras Dimensões. Foi numa árvore conhecida por trono. Eu estava sentado numa cadeira presa nessa árvore, com uns 30cm de diâmetro, há uns 03 metros de altura, quando há uns 04 metros de distância um Ser apareceu, ficou parado, e, olhando-me, de lá chacoalhou a árvore, agitando-a vigorosamente, fazendo com que eu me deslocasse na cadeira, de um lado para o outro. Como eu disse que não estava com medo (Na verdade, acho que até mudei de cor, mas ainda bem que era noite!), ele caminhou até a minha frente, apresentou-se e foi embora. Cabe informar que esse encontro foi apenas a abertura da conversação com eles! Alguns meses depois, fiz o segundo contato com um Ser Intraterreno, chamado Toti, em outro trono próximo ao primeiro.

c) Compromisso ou missão.

Trata-se do nosso compromisso com a população, assumido há 06 mil anos atrás! Fui designado pelo nosso líder para ir a um determinado local que eu teria um encontro com Seres das estrelas. Confesso que fiquei um pouco agitado por ser o primeiro compromisso do grupo, mas restabeleci logo! Assim, fui levado por dois colegas a esse local, de carro, às 23 horas, distante da sede uns 05 km, e lá fiquei sozinho. Para a minha sorte era lua cheia!

Eu me posicionei num ponto, de frente para a lua, e, lembrando do aviso que recebi na época do plasma, eu disse que estava ali em nome do Cristo e que receberia somente Seres da Hierarquia Crística, e que viessem somente pela minha frente, nunca por trás, para que eu não me assustasse. Assim, aconteceu! Ao terminar de falar, surgiu de repente um casal a uns 03 ou 04 metros à minha frente, um ser com vestes brancas e outro com vestes cinzas, e começaram a falar, mas não entendi de início.

Esclareço que somente o ser de vestes brancas e cabelos loiros, compridos, falava e era voz masculina. Suas vestes pareciam aquelas da época de Jesus, e o casal parecia ter uns dois metros de altura. Chegaram um pouco mais próximo e eu perguntei: Vieram para conversarmos? A voz masculina respondeu, viemos passar a sua missão. Assim foi feito, e conversamos por uma hora e muita coisa importante aconteceu, que dispensa comentários.

Durante o tempo em que ficamos juntos, eles me preparam para a missão e eu fiz várias perguntas, eis algumas:
-Vocês sabem o meu nome? Ele disse: Sim.
Então fale! Ele disse: Ismael. (Parecia a voz de um estrangeiro!)
-Eu perguntei onde está a sua nave? Ele respondeu, viemos de teletransporte.
- Quanto tempo até aqui? Ele disse, décimos de segundos.

Obs.: A estrela de onde disseram ter vindo, fica há muitos mil anos luz da Terra, quando uma nave nossa levaria uns 100 mil anos para chegar lá. Entre outras coisas que aconteceram, no final do encontro eles disseram que estariam sempre à minha frente, pelo que agradeci. Pediram que eu voltasse a pé para a Fazenda, no que obedeci.

Ao voltar para a Fazenda, tive uma surpresa surreal. Ao caminhar sob a lua cheia, há 05 minutos, eis que um deles, o de branco, estava agachado na estrada, há uns 20 metros de mim, e levantou e foi caminhando a minha frente mantendo a mesma distância. No entanto, de repente ele sumia e de repente aparecia. Foi assim durante algum tempo e de repente sumiu de vez. Durante esse tempo eu falava com o líder, pelo rádio, o qual pedia para eu fazer perguntas. Eu as fiz, mas o Parceiro ficava em silêncio! A conclusão que eu tirei desse fato, é que ele quis me mostrar o que havia falado no contato, que estará sempre à minha frente, mesmo que eu não o veja!

Essa é parte de minha história nesse grupo Diferente, apenas uma pequena parte de minhas experiências, mas suficientes para eu saber de onde vim, o que estou fazendo aqui e para onde vou!. Outras experiências, ainda mais surreais, poderão ser relatadas no futuro. Agradeço a todos que lerem esse relato, e espero que sintam um pouco da emoção que eu senti, visualizando em suas telas mentais, e recebam uma boa dose de Energia Crística! ESSE É O NOSSO RELATO!

Muito obrigado, VIBRAÇÃO!

PRIMEIRO CONTATO - Victor Culanys

É muito gratificante falar sobre as experiências que vivi na Fazenda Boa Sorte, em Corguinho, MS, junto ao grupo de pesquisadores do qual sou membro desde 1997.

Poderia relatar inúmeros fenômenos e contatos, mas hoje quero contar um acontecimento em especial.

Em uma madrugada fria com céu limpo e lua cheia, estávamos em um pequeno grupo de cinco pessoas. Eu, minha esposa e mais três amigos. Conversávamos calmamente quando um pequeno ser com 1,40 m de altura, surgiu de trás de um coqueiro a poucos metros de onde estávamos. O lugar era um descampado e só havia essa árvore próxima a nós, a mata fechada estava a aproximadamente dez metros de distância, na direção oposta.

Ele já chegou com entusiasmo e falando rápido: "B.., B..., B..., B..." Logo fomos envolvidos por sua vibração positiva.

Ele falou conosco por uma hora e meia, disse estar nos preparando para um "contato superior" e que os "seres superiores" chegariam dentro de alguns minutos.

Esse período de preparação foi bem intenso, ele abordou muitos temas, como alimentação, astronomia, evolução mental e muitos outros. Nos disse que devemos comer 50% menos em nossa alimentação diária, e a proporção de alimentos deve ser 70% cru e 30% cozido ou assado. Além de falar muito e com grande conhecimento, realizou diversos fenômenos, ele se manteve a apenas um metro de distância e podíamos vê-lo claramente, devido a luz da lua cheia.

Flutuou algumas vezes e também pareceu utilizar uma espécie de teletransporte, quando desaparecia em um ponto e surgia em outro, bem diante dos nossos olhos. Fazia isso acionando um objeto que segurava em sua mão direita, que ele chamou de "reator".

Essas manifestações tem por objetivo nos mostrar novas possibilidades, que estão muito além da tecnologia atual.

Ao final do período de preparação, nos direcionou para outro ponto, dentro da mata a uns cinquenta metros do lugar em que estávamos. Lá havia uma cratera que foi cavada para construção de um futuro criatório de peixes. Nos posicionamos ao centro, de forma que a borda externa da cratera ficava na altura de nossas cabeças.

Logo começaram a se formar duas silhuetas de luz suave e opaca a aproximadamente três metros de distancia, se destacando da vegetação escura que estava ao fundo. Era um casal de seres da constelação de Ophiúcus, tinham aproximadamente três metros de altura. Uma voz feminina começou a falar claramente.

Por mais uma hora e meia ela nos passou diversos conhecimentos e direcionou ações que deveríamos desenvolver e que serviriam de norte para o resto de nossas vidas.

A maior parte das informações foi de cunho pessoal, conhecimentos sobre nossas origens e razões pelas quais tivemos esse contato. Eles vieram para nos lembrar de questões que foram definidas por nós mesmos, a milhares de anos, mas que devido à natureza densa da terceira dimensão, onde está o planeta Terra, não conseguimos lembrar integralmente.

Todos esses fenômenos e contatos tem um objetivo muito claro, estão relacionados aos ciclos evolutivos da Terra. Muitas civilizações anteriores à nossa viveram experiências semelhantes, e tiveram a oportunidade de crescer em conhecimento e evolução mental.

Segundo essas inteligências superiores, o atual período de transição planetária deve durar até 2028. Quando encerraremos nosso "compromisso" com os seres das 49 raças extraterrestres pertencentes a essa grande Aliança.

Todos podemos perceber sem esforço, os muitos sinais de que nossa civilização está doente e algo precisa mudar na consciência da raça humana.

Busquem Conhecimento!

ATIVAÇÃO- Léssia Raquel Ivanechtchuk

Fui criada numa família católica e cresci ouvindo histórias bíblicas e desde criança tinha curiosidade para entender a lógica e compreender o que aquelas personagens bíblicas tinham de especial para vivenciar experiências tão incríveis. Desde os oito anos comecei a ler livros espíritas, esotéricos, histórias de civilizações antigas e "perdidas". Comecei a trabalhar no mundo corporativo desde cedo, estudei, me formei e sempre preenchia meus dias fazendo diversos cursos para avançar na minha vida profissional, porém, sempre arranjava tempo para ler algum livro de ciências paralelas: física quântica, religiões antigas, antigas civilizações, casos misteriosos da história, ufologia, etc. Quando eu completei vinte anos no ano de 2004, fui convidada por um amigo para assistir uma palestra de assuntos ufológicos em São Paulo e esta palestra me despertou ainda mais interesse no assunto de vida extraterrestre e a história da humanidade. Nesta palestra, comentaram que no estado do Mato Grosso do Sul havia uma fazenda que ficava posicionada no paralelo 19 e que lá ocorriam muitas manifestações de naves e fenômenos ditos extraterrestres. Eu, uma jovem curiosa, não pensei duas vezes: vou fazer minha mala, chamar uns amigos e passar uns dias acampada naquele lugar.

Quando chegamos na fazendo Boa Sorte, no município de Corguinho ficamos encantados com a natureza do lugar. Estávamos em meio às escarpas da Serra do Maracaju, em um local muito simples em infraestrutura, porém incrivelmente bonito por sua natureza.

No mesmo dia que chegamos participamos de algumas atividades de desenvolvimento energético e mental, foram exercícios simples em grupo, porém bem interessantes. Ao cair da noite, um dos organizadores me chamou e disse que eu deveria fazer um exercício em um local específico da fazenda. Aguardei em um local descampado junto com algumas outras cinco pessoas, enquanto o orientador dava o direcionamento para cada um de nós. Percebi que algumas pessoas estavam ali para resolver problemas de saúde e enquanto eu aguardava ser chamada, ficava observando a distância elas serem direcionadas pelo orientador. De repente vi uma luz cruzar o céu na cor verde fluorescente e muito intrigada ouvi de uma pessoa que estava ao meu lado: "veja, é uma canepla de cor verde, significa energia de cura". Aquilo me deixou ainda mais intrigada e logo fui chamada. O orientador me disse que eu fui direcionada para aquele ponto específico porque alguns seres chamados laquins (os intraterrenos de pequena estatura) queriam fazer um reconhecimento de mim. Eu, sem entender quase nada, fiquei ouvindo atenta e segui as orientações com muito cuidado: eu deveria ficar de pé em uma pequena trilha de terra, em frente a uma mata rasteira, atrás de uma pequena árvore, só aguardando. O orientador disse que eu não precisava ter medo ou ficar apreensiva, afinal os laquins não iriam se apresentar "cara a cara" comigo, eles iriam só chegar perto para avaliar minha energia, minha vibração, que talvez poderiam ocorrer fenômenos de sonoplastia, mas eu deveria ficar bem tranquila e aquele processo deveria durar aproximadamente uns quinze minutos.

Eu respirei fundo e lá fiquei. Ele me levou até o ponto específico, tocou nos meus ombros e disse de forma calma que iria dar o direcionamento para outra pessoa que estava esperando no campinho e que voltaria em uns quinze minutos para me buscar. Eu fiquei de pé atrás daquela pequena e magra árvore observando ele caminhar para bem longe, indo em direção ao campinho que eu outrora aguardava pelo direcionamento.

A lua estava cheia e a noite estava quente, não havia nenhum vento, nenhum barulho, só eu, aquela estrada e a lua bem forte iluminando aquela mata, aquele lugar. Quando o vi sumir do meu campo de visão na pequena estrada pela direita, surgiu da pequena mata a minha frente, umas pequenas sombras, de mais ou menos uns 50 centímetros de altura. Estas sombras vieram "correndo" em minha direção e ficaram fazendo voltas em torno de mim em uma velocidade extremamente rápida. Eu que nunca tinha vivenciado algo parecido, tentei relaxar os ombros e respirar com calma. Durou menos de 30 segundos e ao mesmo tempo que aqueles pequenos "seres" giravam em torno de mim, eu vi uma ou duas luzes piscar na minha frente e ouvi um grandioso barulho de uma enorme árvore quebrando ao meio. Quando olhei para trás num impulso, vi que a pequena árvore estava intacta e imóvel e o barulho continuava como se fosse atrás de mim. Aquilo me deixou perplexa e eu respirava cada vez mais fundo e tentava acalmar meu coração acelerado. De repente aquelas pequenas sombras sumiram em direção ao mato a minha frente e aquele enorme barulho sumiu. Presumo que todo esse processo durou menos de um minuto.

Quando olho no horizonte iluminado pela grande lua cheia, vejo o Orientador vindo na pequena estrada em minha direção. Ele veio acenando e quando chegou perto de mim disse: "eu estava indo ao campinho falar com outra pessoa, porém o seu trabalho foi mais rápido do que o planejado. Pronto, já podemos sair daqui."

Fui seguindo ao lado dele até o tal campinho onde haviam outras pessoas aguardando para falar com ele. Eu me sentia fantástica, nunca havia presenciado algo tão incrível e ainda na primeira noite naquele lugar. Não entendi o porque daquilo tudo, o que aqueles seres queriam ver em mim? O que queriam analisar? Talvez eu nunca saiba o real objetivo, porém algo eu sei: aquele local tem uma energia forte e diferente. Depois desse evento, eu pude participar de várias palestras aonde explicavam várias coisas sobre os fenômenos que ocorriam naquele lugar e o porque da facilidade de ocorrerem por lá.

Nas noites seguintes vi várias luzes passando no céu, algumas entendi que eram naves, outras luzes eram como flashes, e outras como estrelas cadentes, porém mais intensas e na altura de 10 à 30 metros de altura das nossas cabeças. Depois dessa viagem que fiz, nunca mais parei de estudar assuntos de ciências paralelas e hoje posso afirmar que temos muita mais capacidade mental do que podemos imaginar. Não estamos sós neste vasto universo. Há muito o que saber, há muito que buscar, há muito que descobrir. A história da humanidade foi contada de forma tendenciosa pelos grandes governantes e o real interesse sempre foi manter a população submissa as ordens e regimes impostos. É preciso aprender a pensar, é preciso saber quem somos, da onde viemos e trabalhar para fazermos deste planeta um local melhor para viver e se desenvolver. Como disse Shakespeare: "Há tantos mistérios entre o céu e a terra, que nem sonha nossa vã filosofia". Busquemos conhecimento com responsabilidade.

PRIMEIRAS INTERAÇÕES – Marcelo Carletti

Minha vida foi marcada em 1986, aos 12 anos de idade, na Ilha Grande, Rio de janeiro, por volta das 23:00, no meu quarto, quando vi uma luz que partia de um objeto oval, de cor branca, a 2 metros de distância, cuja iluminação era direcionada a mim, não iluminava o quarto. A partir daí meu interesse nesse tipo de fenômeno aumentou.

Em 2007, um amigo me disse que participava de um grupo de pessoas que se preparavam para fazer "contato" com seres extraterrestres de outras dimensões. Me interessei e passei a frequentar e a me dedicar ao grupo, visto que as respostas para a vivência anterior poderia ser encontrada.

Em Outubro de 2009, Segui para a Fazenda Boa Sorte, Sede do grupo, onde as interações/conversações com os "parceiros", seres de outras dimensões, eram realizados. As atividades estavam em andamento, as pessoas estavam sendo organizadas da seguinte maneira antes de passar nas trilhas: grupo dos casais, grupo das crianças, grupo dos homens, grupo das mulheres e grupo dos "novatos" (me encaixava no grupo dos novatos - pessoas que estavam pela primeira vez na fazenda).

Todas as noites, o grupo dos novatos tinha que passar na trilha primeiro. Na primeira noite, tivemos que passar duas vezes, houve muita sonoplastia e raios cruzando a mata, começando as interações com nossos parceiros. Na segunda noite, nada aconteceu de diferente. Na terceira noite tivemos que fazer algumas ativações no Campinho antes de subir para a trilha, todos os grupos nos esperavam, já que nós os novatos, tínhamos sempre que passar primeiro. Nessa noite, apesar de não ter ocorrido a conversação, houve sonoplastia e algo muito interessante: cinco pessoas do grupo viram durante a caminhada na trilha, duas bolas acesas, de cor prateada, do tamanho de uma bola de gude, "caminhando" ao nosso lado em uma altura de aproximadamente 1 metro.

Em todas as noites ocorreram alterações dos integrantes do grupo dos novatos, colocavam e retiravam pessoas pelos coordenadores antes de passar na trilha, perguntávamos o motivo, mas ninguém sabia explicar direito o porquê. Na quarta noite, novamente ficamos esperando todos os grupos passarem para adentrarmos a trilha. Haviam sobrado três grupos sem ter conversado com os parceiros naquela noite, juntou-se então as crianças, novatos e um pequeno grupo de homens.

Os três grupos passariam juntos na trilha. Ninguém havia entendido nada, haja vista o numero de pessoas ter sido extrapolado em 5 pessoas (24 pessoas no total), a qual a premissa da coordenação sempre foi de no máximo 19. Era madrugada, às 04:30, nos organizamos, e com a orientação dos parceiros aos coordenadores das atividades, a coordenadora Anelise foi na frente conduzindo o grupo. Andamos poucos metros e já ouvimos uma ordem para parar. Eram os parceiros iniciando a nossa conversação. Nós ouvíamos o que falavam, porém não entendíamos nada. Conseguimos entender para seguir na trilha. Posteriormente e mais adiante ouvimos claramente o parceiro pedindo para parar. Imediatamente paramos e demos as mãos. O parceiro passou a falar e ainda sim não o entendíamos nenhuma palavra. Ouvimos o som de uma flauta tocando e ainda não entendíamos suas palavras. Pouco tempo após ouvimos então: Sentem-se todos juntos. Sentamos, encostamos os ombros e novamente a flauta tocou. A interação era com Lao e Léa. Eram suas vibrações sonoras, seus nomes. Informaram que eram quatro naquele momento, porém outros dois encontravam-se em sustentação energética. Eles eram de Pégasus e somente o Lao falava conosco. Ele era bem direto, objetivo e tinha uma voz firme. Informou logo o nosso compromisso: "Reportagem de quatro páginas. Tema: jovens pesquisadores. Informou que tínhamos que passar a informação como o cristo fazia, e que a melhor maneira de fazê-lo estava descrita no Evangelho.

O parceiro nos disse que o nosso grupo foi escaneado e selecionado durante três dias, que colocavam e retiravam pessoas. Informou que aquele grupo tinha a energia da informação, que aquele era somente o primeiro compromisso. Disse ainda que o grupo ajudaria a acabar com a miséria no mundo. Pedimos para vê-lo e ele respondeu que nossa energia estava oscilante e que algumas pessoas do grupo estavam com falta de vitaminas, a sua aproximação poderia nos queimar. Não víamos sua silueta, mas era possível ver duas luzes que se moviam a aproximadamente a três metros de altura. Lao nos orientou a melhorar a nossa alimentação e condicionamento físico, pois estávamos com carência de vitaminas e minerais. Perguntamos o que deveríamos comer e informaram que passariam para o nosso Orientador em sete dias. Foi perguntado se havia mensagem para os integrantes restantes e a resposta foi: União, Harmonia, Agilidade! Nos informou que trariam mais pessoas. Eles nos deram três minutos para perguntas pessoais, começamos a ouvir barulhos fortes no mato, continuamos sentados, pois achamos que eram os Laquins. Lao Informou que eram "Animais, pediu para acender nossas lanternas e focá-las em direção ao barulho!" Viramos as lanternas para trás e o barulho se afastou e sumiu. O impressionante é que não sentimos medo, toda aquela ativação que recebemos durante a passagem na trilha trabalhou o nosso campo energético. Ouvimos passos que quebravam os galhos a nossa volta, porém não víamos nada. O Lao então retomou a conversação, permitindo que as pessoas que ainda não haviam feito suas perguntas pessoais as fizessem. Se despediu verbalizando "vibração", marca registrada das despedidas dos parceiros nas conversações. Sentimos uma alegria enorme pela interação, por algo que nunca presenciamos. Levantamos e fomos embora, e na caminhada vimos as luzes fazendo novas ativações.

Produto final do compromisso: Uma revista com nossos textos distribuídos para as crianças que foram visitar a sede do Projeto Portal – Fazenda Boa Sorte

CURA - Ângela Gamenho

Em 1998, comecei a frequentar um grupo levada por uma amiga buscando aprendizado e conhecimento. Eles falavam muito de coisas boas e misteriosas que aconteciam em uma Fazenda com o nome de Boa Sorte, localizada próximo da cidade de Corguinho em MS. Eu levei 1ano e 3 meses para ser convencida de ir de ônibus fretado até esta misteriosa fazenda.

Escutava: São 23 hs de viagem, sem conforto, luz só com gerador até 22hs, as acomodações muito precárias, enfim, vou lá pra tentar ver ou descobrir os mistérios.

Era no mês de julho de 1999, fazia frio. Após todas as dificuldades para chegar, fiquei perplexa com o que encontrei, era muito pior do que tinham falado. Eu pensei "Que que eu estou fazendo aqui?". Mas, no decorrer dos dias lá vivenciados, fui deparando com uma enorme sensação de prazer misturado com saudades. A experiência foi tão gratificante que voltei em outubro (com mais de 800 pessoas nesta fazenda), em novembro, e em dezembro de 1999. Continuei participando das viagens nos anos seguintes.

Em abril de 2002 levei um tombo, sem explicação, tombo bobo, dando as voltas no morro. Fiquei com dor forte no braço esquerdo. Fui procurar um ortopedista, que comunicou-me estar com fratura e rompimento dos ligamentos que precisaria operar o ombro, e mostrando a negatividade em relação à operação, falou-me: se você não operar, nunca mais terá a possibilidade de levantar o braço esquerdo, mas antes ficará com uma tipoia, para consolidar a fratura. Nesta época, estava acompanhando os pedreiros que construíam uma pequena casa para mim, na fazenda e tinha a necessidade de ir lá todos os meses.

Sabendo da "Cratera de Cura" existente na fazenda todas as vezes que ia acompanhar a obra, subia o morro, tirava a tipoia do braço, com todo cuidado porque sentia muitas dores no ombro e ficava lavando o braço com a água da Cratera de Cura. E com muita Fé, muita Confiança, muita Certeza no que estava fazendo. Voltei a fazer este procedimento por três meses seguidos com minhas idas, na fazenda. E ao lavar o braço, na cratera, mentalizava:

Eu estou curando este braço!
Eu não preciso operar este braço!
Eu tenho este braço perfeito!

Voltando ao médico todas as vezes que voltava das viagens, ele radiografava e dava o diagnostico. Ai aconteceu, para "surpresa", do médico, após três meses, que eu não tinha mais rompimento dos ligamentos. O médico surpreso pediu para eu repetir o raio x e constatou que eu estava curada. Tenho hoje um braço esquerdo normal!!!!

Essa é só uma das tantas historias que tenho vivido na Fazenda Boa Sorte! Abraço

LUZ CRÍSTICA - Cláudia Passagli

No ano de 2011 recebi a notícia do meu marido que mudaríamos para o Mato Grosso do Sul, em virtude de um novo trabalho.

Gustavo sempre participou de trabalhos de ciências paracientífica e ufologia em uma fazenda localizada no município de Corguinho/MS, no paralelo 19 e, seu sonho era morar perto desta fazenda.

Em agosto deste ano, tirei férias e resolvi conhecer o município de Corguinho e naturalmente a fazenda, pois sempre escutava as estórias do Gustavo e achava tudo de uma sabedoria, de uma visão diferente e que continha muita lógica, um jeito diferente de ver e ser.

Na fazenda fui conhecer o morro, uma subida íngreme, para quem estava acostumada com todas as facilidades das cidades, aquilo pra mim era uma aventura, um quebra de muitos medos, pois meu contato com a natureza resumia em ir pra praia, e eu ali no meio de uma natureza extrema, de uma energia que não sabia explicar, uma sensação de bem estar, que há muito não sentia.

Quando cheguei no alto do morro, exausta quase sem fôlego, pois o calor era extremo, uma luz azul muito forte estourou no céu, que mesmo estando de costa para essa luz, consegui ver pelo periférico. Nunca tinha visto nada igual, parecia um raio pelo clarão, mas o céu estava limpo e nem vento tinha. Olhei para o Gustavo e seu rosto tinha uma emoção e com voz de uma criança muito alegre gritou pra mim : você viu a luz?

- Sim e era azul!! Ele me pega, me abraça forte e diz: é luz crística, é luz crística pra te receber.

Não entendia o que ele falava direito, mas meu corpo vibrava emocionado como se conhecesse aquele lugar e sentia muitas saudades. Ficamos horas passeando em cima do morro, conhecendo as várias áreas que aquele lugar tem.

Passei 10 dias de férias na fazenda e todos os dias subia o morro, de manhã e no final da tarde para curtir o por do sol, pela primeira vez sentia-me totalmente descansada de corpo e alma, como se aquela vida agitada não existisse e que ali era meu lugar.

Em janeiro de 2012 estava mudando para Rochedo, cidade que faz divisa com Corguinho e hoje, apesar da grande saudade da minha família, estar aqui perto da fazenda aprendendo ser uma pessoa diferente, buscando minha essência, buscando conhecimento e acima de tudo passando este conhecimento é que faz de mim, uma pessoa FELIZ.

Capítulo VII

Jornada

O COMEÇO DE TUDO - Gustavo Guerra

Estava em um restaurante junto com Guilherme e a aniversariante do dia, Alanna, dois grandes amigos do colégio, era a continuação de uma época ou fase, onde tudo está acontecendo e sendo descoberto. Era sexta feira, ano de 2001. No meio da comemoração toca o telefone do Gui, era o Beto fazendo um convite pra uma palestra onde o assunto era paranormalidades, percepção extra sensorial, níveis mentais, autocontrole e saúde. O Gui explicou que não era muito ligado nestes assuntos, mas tinha uma pessoa que era fã e estava na frente dele. Até então, nem eu sabia que deixava transparecer este gosto pelos mistérios da mente. Fiquei intrigado com o fato de ninguém ter me dito isso anteriormente, e também com a oportunidade de saciar esta minha fascinação.

Enfim, endereços e telefones trocados, uma surpresa dentre muitas que ainda estavam por vir, éramos vizinhos de rua, assim como o hotel onde eram ministrados tais cursos. Sábado pela manhã, tudo pronto para o meu primeiro curso pra iniciantes. A introdução foi excelente. Todos se esforçaram pra que entrássemos na vibração das informações da melhor maneira possível, com relatos que impressionam até os mais entusiastas no assunto. À tarde, já havia ingressado nas informações mais avançadas. Chegando no auditório do hotel, o Beto me apresentou aos responsáveis pelo evento, onde a acolhida foi ótima! Ao observar as pessoas ao meu redor, vi que eu estava na minha verdadeira casa. Os olhares alegres e curiosos de todos, mais tarde me fizeram entender que todos nós temos o compromisso de passar para as pessoas as informações passadas pelos parceiros de outros mundos, como cuidar da alimentação, exercícios físicos, bom sono, atitudes positivas e aumentar nossa capacidade de realização com ação e, eu seria possivelmente mais um participante ativo, e hoje estou a 15 anos vivendo esta realidade!

A VIDA SEMPRE NOS MOSTRA O CAMINHO – Emerson Reis

Sempre tive interesse em conhecimentos que fogem aos padrões da nossa sociedade... Lembro que ao entrar na adolescência minhas buscas se intensificaram e comecei a entrar em contato com muitas informações diferentes das que eu estava acostumado. Estudei de tudo, astrologia, paranormalidade, conhecimentos dos mais variados. Nesse período conheci a doutrina Espírita lendo e estudando profundamente as obras de Alan Kardec. Aquilo era fantástico, vida após a morte, comunicação com outros planos, desenvolvimento de habilidades etc.

Um novo mundo se abria ante a minha curiosidade buscadora foi um período muito importante na minha vida, pois, estava me preparando para o que viria depois...

Foram dez anos de muito aprendizado, mas ainda faltava alguma coisa não me sentia preenchido, algo dentro de mim me impelia a continuar minha busca. Lá pelos idos de 1997 fomos informados por uma tia de um programa chamado Brasil Verdade onde participava um "cara bem diferente" que entortava mental, fazia energizações, manipulação de energia e falava com seres Extraterrestres. Ele contou coisas que aconteceram na sua vida e algumas se assemelhavam com o que tinha acontecido comigo também, desde pequeno olhava as estrelas procurando por algo, temas como vidas em outros planetas, naves, contatos não eram estranhos pra mim. Tinha começado a encontrar nesse programa, com esse "cara diferente" mais entendimento que buscava, mesmo não sabendo o que estava procurando.

Sentia-me deslocado do mundo e buscava o porquê deste sentimento. Ouvi ele dizer que 1/3 da nossa população não era desse planeta, mas, ainda não tinham despertado para o que vieram fazer aqui e os seus sintomas eram: Saudade, vontade de chorar sem motivo aparente etc.(Depois fiquei sabendo que esses sentimentos e sensações eram uma interação com realidades paralelas) Eu me encaixei no que ele estava falando e comecei a entender algumas coisas porque me sentia deslocado e insatisfeito isso era o meu despertar...

Minha vontade de fazer parte daquela realidade foi só aumentando, mas na época não pude participar por alguns motivos. Já era o ano 1999 dois anos depois minha mãe conseguiu o contato desse "cara diferente" aqui em Minas Gerais e "coincidentemente" iria começar um curso básico de evolução mental e nessa época ele ainda fazia energizações participei de uma delas e me cadastrei pra fazer o curso junto com meu irmão Dawidson, um dos pontos interessante nessa energização é que dele soltava um perfume que se fazia sentir em todo salão e ele iluminava o corpo todo passando essa luz pra mão de todos que ali estavam e essa luz parecia ter vida ela pulsava e tinha pessoas que essa luz se movimentava na mão delas. Era o começo do entendimento do caminho da luz.

Antes de começar o curso uns dois meses antes estava participando de uma reunião na casa espírita onde frequentava em Contagem MG que se chamava Aliança Universal Espírita Cristã, no dia 21 do mês de junho e tivemos uma visita de um ser que disse não ser desse planeta e que estava visitando pessoas que faziam parte da "sua turma" era uma energia muito intensa e diferente das que eu estava acostumado a perceber, eu sem entender comecei a chorar sem motivo era um choro de saudade que parecia que ia explodir meu peito, não conseguia controlar. E esse ser dirigiu se a minha pessoa dizendo que eu seria um dos últimos a sair do planeta, pois iria ajudar muitas pessoas em uma situação que a terra passaria num futuro. Aquilo me deixou um pouco confuso, não entendi muito bem, mas, depois tudo fez sentido... Esse ser não se manifestou mais na casa e a vida seguiu.

Começou o curso de evolução mental muito aguardado. Muitas pessoas, todas na busca pelo conhecimento. " Estava adorando os temas e em um determinado momento esse"cara muito diferente" repetiu o que aquele ser me falou dois meses antes do curso começar sobre sermos os últimos a sair do planeta ninguém sabia nem meu irmão que eu já tinha escutado a mesma coisa. Hoje sei que era um código para ajudar no meu despertar, sonhar com luzes, discos voadores também.

Passei a integrar esse grupo de pessoas diferentes hoje tenho 17 anos nessa caminhada, muitas experiências pessoais extraordinárias e também ao lado de pessoas queridas e incríveis. Olhando para trás percebo que a vida sempre me guiou que nunca estive ou estarei sozinho.

Tenho muita gratidão pelas pessoas que uma a uma sempre estiveram no momento certo para me ajudar, minha tia Ivani, minha mãe Maria, amigos, enfim. Hoje entendo muitas coisas, principalmente que tudo tem seu tempo, mas que, temos que atuar na vida como protagonista da nossa historia, sem medo de ser feliz. Sair dessa manipulação mental que o sistema nos impõe onde não temos tempo para viver aquilo que vibra dentro de nós. Sabemos que estamos aqui para fazer alguma coisa, mas não sabemos o que é, mais, chegou à hora de sabermos...

OLHAR DIFERENTE - Elizabeth Toledo

Devo dizer que ser diferente, num primeiro momento é ruim, pois somos olhados e tratados com certas reservas, pois a maioria das pessoas do nosso entorno não nos compreende, a começar por nossa Família. Tinha... e, a bem da verdade, ainda tenho, dificuldades em aceitar NÃO como resposta. Havia e segue sempre a grande questão: Porquê?

Em casa quem mais compreendia meu jeito de nunca estar satisfeita com as respostas às minhas indagações era meu pai. E assim fui crescendo. Por sorte, meu pai que viajava muito e tinha uma mente mais aberta, logo me ajudava com as indagações, mas, o mais importante que aprendi com ele foi o *olhar diferente* que tinha em relação a tudo e a todos.

Quando em casa, era uma festa. Sempre com muitas pessoas a procurar por ele, pelos mais diversos motivos. As suas atitudes eram o que mais impressionava. Sempre podia ajudar, fazer algo para minimizar o sofrimento, a ansiedade dos demais, sempre disposto a acolher, a dividir, a ensinar, a orientar, havia sempre uma palavra amiga a direcionar o norte de alguém.

A nossa base era o Espiritismo Kardecista. Mas não fiquei por ai, passei por quase todos os segmentos de busca, tais como as mais diversas religiões, grupos esotéricos... até Mórmon fui! Seguramente que aprendi muito na caminhada, conheci pessoas incríveis! Viajei bastante com os grupos esotéricos por diversos Estados do Brasil e fora, sempre buscando respostas aos meus porquês, porém sem grandes sucessos.

Quando finalmente começava a achar que não haveriam respostas, em Curitiba – PR, conheci a Luzia Luciane que já era pesquisadora de ciências paralelas. De nosso primeiro contato até a minha mudança para a Corguinho/MS, foram aproximadamente 2 anos. Participava das reuniões do grupo, até que em Dezembro 2002 fui para a Fazenda Boa Sorte. Ali encontrei algumas respostas e compreendi que a maioria está dentro de nós mesmos, porém o sistema que guia a humanidade imputa o contrário, faz com que fiquemos dependentes deles para tudo.

Em relação aos fenômenos que ali vivenciei não foram de espantar, já que sempre soube que havia muito mais do que queriam me dizer. Então, ao ver o menino das estrelas em suas diferentes formas não me assustou, só confirmou o que eu já achava que poderia ser/existir. As naves e toda sorte de luzes cruzando os céus e a terra, próximo dos presentes, inclusive Nave Mãe, em sua primeira aparição, foram experiências que somaram e me confortaram, pois os conhecimentos passados por todos estes parceiros são de infinita sabedoria e valia.

A começar por boa alimentação, sem álcool ou qualquer tipo de droga que possa nos tirar de nosso eixo, exercício físico, peso estável, saúde perfeita, pensamentos mais alegres e positivos e focados no presente, para que assim possamos traçar o futuro que tanto ansiamos e que, agora sabemos que é possível.

Neste ponto, vale dizer que o que vivencio no local tem tudo a ver com o aprendizado que tive desde que vim a este planeta; temos toda sorte de conhecimento e tecnologias que nos são passadas por nossos Parceiros, 49 raças, mas que, no final tem que ser alinhada com a ajuda ao próximo, o minimizar do sofrimento da população, que ainda está total e absurdamente presa a um governo que os escraviza, portanto, *ser diferente* é ir ao encontro destas pessoas, nos pontos cegos do planeta e levar os conhecimentos e as tecnologias que nos são passadas.

Os chamados pontos cegos são os locais onde a ajuda humanitária não chega, ou seja, são aqueles seres, ainda humanos, deixados a própria sorte. Os governos não volvem um olhar benigno sequer pra estes pontos. Ora, me pergunto: Como vamos evoluir, pois a evolução é do Planeta Terra, logo de todos e cada um de nós, com tanto sofrimento ainda a ser minimizado, para não dizer extinto? Incluo pessoas, plantas, animais, tudo! Como pôde ver, *ser e sentir-se diferente* é ver que a realidade descortinada por aí não condiz com nossa essência, aí, de imediato, nos percebemos *realmente diferentes*.

Para não sofremos com a falta de respostas e darmos vazão ao fato de sermos realmente diferentes, é salutar que nos interiorizemos, precisamos nos dar "rotinas felizes", ou seja, proporcionarmos a nós mesmos momentos de alegria, descanso, conviver com nossos iguais, e, assim, seguramente vamos ter certeza pra que viemos..., juntos!

Aprendemos com os Parceiros que temos que ser nossos próprios gurus, ou seja, andarmos com nossas próprias pernas, buscar conhecimento diuturnamente, ficarmos atentos a tudo e a todos, pois há sempre algo a ser apreendido e aprendido.

A começar pelo auto conhecimento, que seguramente nos leva sempre a buscar conhecimento, sempre e cada vez mais, interna e externamente. Venha estar com seus *iguais na diferença*!
Estamos te aguardando!

PLACAS - Otavio Teixeira dos Reis

Uma de minhas diferentes histórias entre os diferentes: As experiências de acesso aos arquivos cósmicos contendo códigos vibracionais (placas).

Ao longo de minha caminhada em busca de conhecimento e desenvolvimento pessoal, passei algumas temporadas na região do que nossos parceiros das estrelas chamam de a cidade do futuro, um local mágico contendo ziguratz, pirâmides e casas arredondadas. Nessa região pessoas diferentes com habilidades paranormais fazem treinamentos e interagem em realidades paralelas. Em galerias subterrâneas próximas a esse local, tive a oportunidade de, por duas vezes, acessar meus códigos vibracionais. Foram experiências não apenas marcantes no momento em que foram vividas, mas também pelas grandes modificações energéticas e internas que tive após tê-las vivenciado. Posso dizer com imensa certeza que minha sensibilidade e manipulação de campos bioenergéticos tiveram aumentos significativos, assim como minha maneira de enxergar e sobretudo perceber (sentir) o mundo sofreu grandes mudanças. Mesmo meus sentimentos pelas pessoas de um modo geral mudaram substancialmente. Passei por períodos intensos de crises pessoais que nada mais eram que maravilhosas metamorfoses que quebravam velhas concepções mundanas e viciosas permitindo que minhas tentativas de compreensão das pessoas fosse um pouco mais profundas e menos tendenciosa e egoísta. Meu foco também mudou. Passei a enxergar mais a luz e as soluções e menos os problemas e dificuldades na vida.

1ª Experiência de Acesso aos Arquivos: (31/05/2002)

Estavam havendo viagens à fazenda, associação vizinha da cidade do futuro no Mato Grosso do sul e, no meio das atividades desenvolvidas e treinamentos, o cara diferente que nos liderava soltava a lista dos nomes passados pelos parceiros das estrelas pra acessarem os arquivos cósmicos. Eu estava passando por um momento em que não tinha condições financeiras para ir. Eu morava em Belo Horizonte, há mais de 1300 km do local. Além disso achava que não estava ainda na minha hora de acessar tal conhecimento. Para completar, eu trabalhava numa empresa em que ninguém conseguia dias de folga e eu ainda não tinha direito a férias.

Estava começando a estudar música e como não tinha dinheiro pra comprar os livros, anunciei nos classificados um scanner e uma calculadora científica que eu tinha. Achei estranho porque nunca ninguém havia me ligado pelos anúncios. Acabei me esquecendo disso.

Na preparação para acessar as placas, havia na época uma atividade que deveria ser feita numa pirâmide na unidade da associação em Belo Horizonte. Mas como eu julgava que não era meu momento ainda e não tinha dinheiro, eu não havia feito esta preparação. Mas de repente começou a vir frequentemente na minha cabeça que eu precisava ir à pirâmide. Um dia, no meu trabalho, já incomodado com isso eu falei: "se vocês querem que eu vá à pirâmide, eu irei, mas não tenho dinheiro para pagar a seção. Portanto o primeiro dinheiro que eu ganhar, irei na pirâmide. A seção custava, na época, cinco reais.

Continuei trabalhando normalmente e quando fui embora pegar meu carro no estacionamento aconteceu algo, no mínimo, estranho. Assim que tirei meu carro da vaga, vi pelo retrovisor que havia algo no chão da vaga. Desci do carro para ver o que era e fiquei surpreso. Era uma nota de cinco reais. Na mesma hora, me lembrei da pirâmide e decidi ir no dia seguinte. Fui à pirâmide e fiz a atividade.

A partir deste dia, comecei a ter todas as noites um mesmo sonho. Eu sonhava que eu estava numa clareira com algumas pessoas que eu não conhecia. Nós olhávamos pro céu e víamos algumas naves. Meus dias foram se passando normalmente ate que de repente bateu em mim uma vontade incontrolável de ir à próxima viagem à associação. Mas eu não tinha dinheiro e nem disponibilidade de tempo. De toda forma liguei pro núcleo de Belo Horizonte pra saber quanto era o ônibus fretado pro Portal. Fiquei mais decepcionado ainda quando um dos coordenadores do núcleo me disse que o ônibus já estava lotado e que já havia uma enorme lista de espera. Sem esperanças de conseguir uma vaga neste ônibus, coloquei meu nome na lista de espera. Mas minha vontade de ir era maior que todos estes entraves. Decidi então que eu pediria dinheiro emprestado, se fosse preciso, mataria o trabalho e iria de ônibus de carreira pra Campo Grande e depois daria um jeito de chegar à fazenda. Lembro-me que as pessoas acharam que eu tinha surtado, mas eu me sentia muito seguro do que queria fazer. Então fui pra casa dormir e tinha uma experiência muito interessante. Acordei no meio da noite e quando olhei ao meu redor, não reconheci o meu quarto. Era um lugar enorme com uma singular luminosidade. Ao meu redor, havia 3 ou 4 (não me lembro ao certo) seres me olhando. Eu estava deitado sobre uma espécie de maca. Eles emitiam uma luz de coloração dourada muito forte, mas jamais vi uma cor dourada como aquela. Senti uma sensação de paz imensa dentro de mim e de repente dormi novamente. Acordei no dia seguinte no meu quarto. Nunca soube dizer o que foi isso. Se foi físico, se foi sonho, se foi no extrafísico. Eu não sei.

Foi então que foi se aproximando o dia da viagem. Seria na semana seguinte e as pessoas deveriam pagar o ônibus no núcleo ate na sexta feira. Eu não tinha dinheiro nem pro ônibus do núcleo... Menos ainda pro ônibus de carreira. Tudo parecia estar dando errado, mas eu ainda sentia a mesma vontade e acreditava que tudo daria certo no fim. Então, na quarta feira, o coordenador do núcleo me ligou e disse que algumas pessoas haviam desistido da viagem e ele já tinha ligado para a lista de espera e preenchido o ônibus, mas havia ainda uma vaga. Sem nem pensar eu confirmei que iria com certeza. Então ele me disse que eu teria de pagar ate sexta. Desliguei o telefone um pouco preocupado. Eu não sabia como iria pagar esta viagem. Trabalhei o dia todo pensando em como conseguiria o dinheiro e não achei solução. No dia seguinte, quando cheguei ao trabalho, meu telefone tocou. Era um rapaz que me disse que estava com os classificados de um jornal antigo e me perguntou se eu já havia vendido a calculadora. Achei aquilo tudo surreal, mas ao mesmo tempo providenciou. Vendi então a calculadora. Da mesma maneira, no mesmo dia vendi também o scanner e consegui o dinheiro pra pagar a viagem. Faltava então a autorização dos meus chefes para me ausentar do trabalho por 4 dias. Entrei na sala do presidente da empresa e disse a ele que eu possuía uns lotes em Campo Grande e que precisava ir lá resolver alguns problemas referentes a eles. Ofereci que descontassem meus dias de trabalho ou que adiantassem alguns dias das minhas futuras férias. Para minha surpresa, o presidente disse que eu podia ir tranquilamente e que nada seria descontado e minhas ferias seriam mantidas integralmente. Com tudo em seu mais perfeito estado e ainda maravilhado com tudo o que havia ocorrido, paguei o ônibus na sexta feira e embarquei na semana seguinte para a fazenda da associação na cidade do futuro.

Chegando ao local, participei das atividades energéticas normalmente. Foi a primeira vez que eu havia ido sozinho, sem meus amigos ou namorada. Então acabei interagindo muito com as pessoas, conheci muita gente legal. Foi uma experiência impar. Estava adorando a viagem. Foi então que chegou o dia dos trabalhos de acesso à placa e o cara diferente liberou a lista com os nomes que os seres haviam passado de quem acessaria a placa e meu nome estava dentro desta. Era o dia 31 de maio de 2002. Na mesma hora as pessoas que haviam me conhecido na viagem começaram a me abraçar felizes. Colocaram-me então na carroceria de uma caminhonete com as outras pessoas que acessariam as placas. Eu não conhecia nenhuma destas pessoas, mas elas não me pareciam estranhas. Foi ai que a caminhonete parou e nos deixou numa clareira que dava de frente pra entrada de uma das cavernas. Ai me lembrou do meu sonho onde eu estava com aquelas pessoas na clareira.

Aguardei então a minha vez de entrar na caverna para acessar minha placa. Entrei na caverna e senti como que todos meus receios, ansiedades haviam desaparecido. La dentro me encontrei com o cara diferente. Ele me disse então que antes de pegar a placa eu deveria passar por um teste. Disse ele também que este era o trabalho de placas dos representantes dos mundos intraterrenos. Ele me daria uma pilha alcalina. Eu deveria jogar a pilha longe em uma das galerias da caverna e depois teletransportá-la de volta. Peguei então a pilha e a joguei longe. Neste instante, me pediu para eu, ao invés de teletransportar a pilha, materializar minha placa. Tentei por duas vezes e falhei. Ele me disse que eu teria mais duas chances. Na primeira seguinte, escutamos o som da placa materializando e caindo sobre o chão. Antes que a procurássemos, o cara diferente olhou meu plexo solar que ainda estava com a energia de materialização de placa. Então ele me pediu para fazer novamente. E novamente escutamos o som. Quando olhamos pro chão, haviam duas placas. Uma se parecia com uma lasca de pedra ardósia e a outra com um paralelepípedo de granito bruto avermelhado. Perguntei qual das duas eram a minha placa. E o líder diferente me respondeu que eram as duas. Peguei então as duas placas, cada uma com uma mão e as observei. Na placa avermelhada não havia nenhum símbolo ou codificação vibracional. Na outra havia apenas um símbolo maior no meio em um dos lados. Então ele me pediu para apertar as placas com minhas mãos. E eu o fiz. Quando abri as mãos, a placa avermelhada continuava da mesma maneira Mas na outra começaram a aparecer os símbolos em cor verde fosforescente. Era como se um raio laser verde estivesse naquele momento gravando os códigos vibracionais na placa. Olhei a outra face desta mesma placa e o mesmo fenômeno ocorria. Então olhamos a placa energética do Oswaldo na parede e ela ficou bem mais forte e iluminada. Então filmamos, fotografamos e anotamos todos os meus códigos. Ele me falou que eu continuava com a energia de placa no plexo e me pediu para colocar minhas placas dentro da placa energética do Oswaldo que estava como que um retângulo de luz forte verde fosforescente na parede da caverna. No mesmo instante em que coloquei as placas lá, elas desmaterializaram e sumiram na minha frente. Sai da caverna e aguardei os outros pegarem suas placas. Voltamos pra sede da fazenda. No dia seguinte pegamos o ônibus de volta. Lembro-me de ter voltado feliz, mas já em uma crise terrível, pois só então percebi o tamanho da responsabilidade do trabalho que desenvolvíamos.

2ª Experiência de Acesso aos Arquivos: (06/01/2003)

No final do mesmo ano decidi que iria passar o réveillon na fazenda e depois iria ficar direto para mais uma das viagens de atividades que lá fazíamos. Lembro-me que meu pai pagou todos os custos da viagem para mim. Participei normalmente de todos os trabalhos. Eu estava bem feliz com a viagem, pois havia ajudado a ativar as pessoas para acessarem suas placas no réveillon e havíamos tido um contato muito bonito com uma sonda que ficou muito perto de nos. No ultimo dia da viagem, 06/01/03, o cara diferente falou que os seres haviam liberado um segundo acesso às placas a todos aqueles que já tinham acessado as placas anteriormente. Esse acesso fazia parte de outro grupo de acessos às placas, que era chamado "grupo dos extras". Nesta atividade, entrávamos em grupos de seis na caverna. Chegou a minha vez de entrar. Entrei com outras cinco pessoas. Então cada um de nos olhava para as paredes da caverna e elas se acendiam numa cor verde fosforescente e apareciam os códigos vibracionais das nossas placas. Então anotei os códigos rapidamente porque eles iam se transformando em outros códigos. Ao fundo da caverna, ao nosso lado havia um o contorno de um ser em luz fosforescente sobre a parede da caverna. Depois de tudo anotado, sai da caverna com a listagem dos códigos vibracionais, que eram diferentes dos códigos que havia recebido na primeira placa. Esses códigos me forneceram informações preciosas sobre meus caminhos de vida futuros. Eu tinha até então alguns problemas de saúde que desde esse dia desapareceram. Ao mesmo tempo, algumas habilidades paranormais foram sendo desenvolvidas desde esses dois episódios.

O MILAGRE QUE VEIO DO CÉU - Anna Battistel Kamm Wertheimer

Aos nove anos de idade minha filha teve um tumor no cérebro. Apavorada diante da situação, comentei o fato com uma amiga com idade que podia ser minha mãe. Ela me falou de algumas dificuldades que teve na vida e que além dos médicos, consultava com um "senhor" idoso que falava com seres de outros planetas.

Fui ao encontro desta pessoa numa madrugada, pois, atendia prestando ajuda à muitas pessoas. Quando chegou minha vez entrei na sala de atendimento, relatei em poucas palavras a situação da minha filha. Ele olhou para mim com uma calma indescritível e disse:

- Calma mãezinha! A sua filha ainda tem quarenta e cinco dias de vida e a vida dela está em suas mãos!

Eu senti perder o chão naquele momento.
E falei sem hesitar:

-Eu dou a minha vida, para salvar minha filha! O que preciso fazer?

Então ele disse:
- Vá até a janela e pense em Jesus cristo!

Fui até a janela e de costa para ele que se encontrava no outro extremo da sala, tentei desesperadamente pensar em Jesus cristo e não conseguia. O desespero só foi aumentando.
Ele que a tudo observava pacientemente, tentava me acalmar vendo minha aflição. De repente, lembrei de uma imagem de Cristo, na igreja que frequentava todos os domingos, naquela época. No mesmo instante, sem que eu me movimentasse ele disse:

- Muito bem!

Então aquele senhor, gentilmente, me explicou que ele tinha uma conexão e recebia orientações de como ajudar as pessoas que buscavam por um milagre na vida, pois, os médicos já tinham sido consultados, sem êxito para seus problemas. Mesmo distante, ele olhava em direção da janela, com jeito de quem estava escutando alguém falar com ele.

A seguir passou a me dar instruções e cuidados que eu deveria tomar em relação a minha filha.
Era uma preparação durante um período de quinze dias. Após esse tratamento, ele deveria ir na minha casa para acompanhar os "Seres". Eles iriam fazer um procedimento cirúrgico, na cabeça da minha filha, para extrair o tumor. No dia marcado, ele veio até a minha casa e pediu para que minha filha ficasse deitada na cama. Ele foi relatando, passo a passo, o trabalho realizado pelos extraterrestres, que ele afirmava serem de um planeta chamado Juno.

Posteriormente a esse fato, conheci uma pessoa que participava de um grupo de pessoas chamado "Os diferentes". Cada um tinha uma história parecida, de experiências com seres de outros planetas. A convite desta, que ficou minha amiga, passei a frequentar o grupo, no qual um garoto alegre, brincalhão e de muita sabedoria, passava conhecimento sobre a existência de outras realidades e que se nós praticássemos esses ensinamentos, poderíamos ter acesso a elas. Senti que esse grupo de pessoas era a "minha tribo" digamos assim.

Temos os mesmos interesses. Vivenciamos experiências semelhantes e somos felizes, pois, nos identificamos pela vibração, sintonia e ressonância. Aprendi ter discernimento e reconhecer a dualidade.
Tento estar, ao máximo do tempo possível, num estado de equilíbrio sem tomar partido. Pratico os ensinamentos recebidos do "garoto sábio", revertendo o negativo em positivo na hora que acontece, para não acumular.

Treino perdoar o irmão do caminho e amá-lo do jeito que ele é sem julgar, criticar ou condenar suas atitudes. Não explico nem justifico minhas atitudes, porém, assumo total responsabilidade pelos meus atos. Estou em paz e sou feliz no caminho do auto conhecimento.

Vinte e quatro anos se passaram.

Minha filha hoje está casada, realizada profissionalmente, grávida de oito semanas e muito, muito, muito feliz. A partir desta experiência, passei a me dedicar ao autoconhecimento e ajuda ao próximo. Os "SERES" fizeram a diferença na minha vida. E eu sou eternamente grata a "Eles" e ao grupo que me acolheu. Amor e gratidão é a única moeda que posso ofertar.

LILARIAL - Jackson Roberto Liller

Desde sempre busquei respostas sobre o porquê da nossa passagem aqui na Terra. Qual seria a finalidade? De onde viemos, quem somos e para onde vamos?

Após ter participado de várias filosofias, religiões, grupos de estudos sem êxito, encontrei em maio de 1999 o lugar que tanto procurara. O sentimento da descoberta foi de retorno a um lar distante. Esse lugar especial, uma fazenda no interior do centro-oeste brasileiro, onde um grupo de pessoas "diferentes" estudavam assuntos interessantes como ufologia, arqueologia, civilizações antigas, astronomia, entre outros, pelos quais eu também tinha afinidade.

Estava com 34 anos na época e preso aos paradigmas que a sociedade e os governos impõem à população diariamente. Uma verdadeira "Prisão Mental". Infelizmente, a grande maioria da população ainda se encontra aprisionada nesse sistema global tirano e dominante. Somos bombardeados a todo instante por desinformações, falácias, conceitos e dogmas que manipulam e bloqueiam a nossa percepção da realidade.

Foi naquele local onde pela primeira vez, tive a possibilidade de interagir com energias incomuns e presenciar fenômenos insólitos que ajudaram a libertar-me aos poucos da terrível escravidão mental. Foi a somatória de experiências, treinamentos e informações que me possibilitaram ter uma nova visão da realidade.

Minha experiência inicial foi um "simples" comando mental. O objetivo era materializar uma pequena pedra de formato peculiar. Após as instruções passadas pelo nosso orientador, fiquei em pé com minhas mãos espalmadas para cima enquanto eu mentalizava ou imaginava uma luz de determinada cor e uma pedra se formando no interior dela. Em poucos segundos, uma pedrinha em formato discoide de aproximadamente um centímetro de diâmetro, caiu nas minhas mãos. Fiquei fascinado quando a vi. Foi um fenômeno real, palpável, mas ao mesmo tempo surreal. Guardo comigo essa pedrinha até hoje. Isso me fez entender que nós, seres humanos, possuímos capacidades mentais adormecidas, incríveis e, que estão à nossa disposição a qualquer momento que desejarmos. Quando as usamos de maneira correta, conseguimos atingir mais facilmente nossos objetivos no dia a dia, fazendo nos interagir com realidades paralelas, algo que só há muito pouco tempo, a física quântica começou a desvendar.

Em outra ocasião, realizamos um treinamento em uma das várias cavernas existentes naquele local. Formamos uma fila de algumas dezenas de pessoas junto à entrada de uma dessas cavernas estreitas e totalmente escuras. Devíamos entrar individualmente, andar a passos normais e contá-los até chegar no fundo da caverna, tocar sua parede e retornar. Ficamos impressionados quando comparamos os resultados do numero de passos que cada um de nós havia dado lá dentro. Todos tinham uma contagem distinta. Enquanto contei trinta e cinco passos, outros colegas chegaram a contar setenta ou até cem passos na mesma caverna! Durante essa caminhada no interior daquela caverna, vivenciamos uma interação em uma realidade diferente da nossa, fugindo às leis da nossa terceira dimensão física. Não devemos portanto, nos limitar à essa nossa realidade que achamos ser a única, pois ela nada mais é do que uma grande ilusão que bloqueia nossas percepções. Não tive mais dúvida que essas dimensões paralelas não são fantasias, mas sim factíveis e reais.

Essas aparentemente simples, porém profundas experiências foram o inicio de uma caminhada de mais de dezoito anos buscando conhecimento e informações cada vez mais profundas sobre a vida, a mente, energias, nossa galáxia, nossas origens e nosso destino, além de importantes orientações sobre saúde e alimentação.

Alguns anos de treinamento se passaram e finalmente chegara o dia que tanto esperávamos. Por volta das vinte e uma horas de 19 de maio de 2009, fomos chamados para um *briefing* das atividades que ocorreriam nas próximas horas. Nosso orientador nos instruiu a subir num morro que há no local para uma nova atividade. Pegamos nossas lanternas, água e apetrechos e subimos. Era nesse morro também, numa parte conhecida como platô, onde costumávamos ir ao entardecer e à noite para apreciar as diversas luzes coloridas no céu que surgiam no horizonte e, que se movimentavam de acordo com nosso desejo e vontade através de nossos pensamentos ou comandos mentais.

Depois de uns quinze minutos de subida, chegamos ao topo e juntamente com algumas dezenas de pessoas formamos fila na entrada de uma trilha que seguia mata adentro. Deveríamos caminhar pela trilha em pequenos grupos. Minha esposa e eu nos juntamos a outro casal formando assim um grupo de quatro pessoas.

Quando começamos a caminhar pela trilha, não levou mais de um minuto e já começamos a ouvir um barulho de pedras gigantes caindo no chão e passos fortes ao nosso redor. Mas nada víamos. Constatamos que as pedras não eram físicas, eram apenas sons e, como fomos orientados a não parar nessas condições, continuamos andando. Logo após, ouvimos uma voz feminina seguida de um som muito bonito que parecia vir de uma flauta. Paramos e pedimos que a voz repetisse o que havia dito e escutamos então, claramente, em português:

- Parem! (*acompanhado de uma linda "chuva" de luzes*)
- Prossigam!
- Parem, juntem-se!
- Voltem!
- Entrem!

Fomos seguindo as instruções da voz feminina. Entramos numa pequena trilha lateral e caminhamos até onde conseguimos ir. Paramos em meio a arvores e arbustos e aguardamos. Estávamos ansiosos e nervosos e a voz, aparentemente sabendo disso, falou:

- Calma!
- Silhueta!

"Silhueta" significava que deveríamos tentar achar e visualizar a autora da voz. De imediato vimos não uma, mas duas silhuetas translúcidas que pareciam estar flutuando. Era um casal.

A voz feminina então disse:

- Cardíaco e plexo!

Nesse momento ela iluminou esses dois pontos do corpo sutil dela, quase transparente. Foi incrivelmente bonito e pudemos enxergar um coração pulsando.

A essa altura estávamos muito felizes e agradecemos por eles estarem ali conversando conosco quando então emitiram um *flash* de luz em nossa direção e a voz feminina anunciou:

- 15% de ativação!

Até agora havíamos ouvido apenas a voz feminina. A voz masculina articulou algo, mas não conseguimos entender. Então mais uma vez a voz feminina orientou:

- Coloquem as mãos nos ouvidos! (*ouvimos novamente o suave som da flauta*)

Perguntamos os nomes deles e a voz feminina respondeu:

- Elinai (*seguido da voz masculina que continuávamos não entendendo*).

Queríamos saber mais sobre eles e responderam dizendo que eram da constelação de Sirius e da nona dimensão. Estavam naquele momento a quatro metros de nós.

Pedimos que eles se aproximassem um pouco mais, mas ela então advertiu:

- Queimaríamos vocês (*devido à alta vibração deles*).

Em seguida ela passou algumas instruções sobre nossas atividades no futuro e outras informações pessoais para cada um de nós. Todo esse processo levou em torno de trinta minutos quando então ela encerrou nosso encontro pedindo que prosseguíssemos.

Voltamos para a trilha principal acompanhados por três feixes de luz paralelos como se estivessem se despedindo de nós ou nos guiando. Retornarmos à sede da fazenda.

Após anos de treinamento e preparação, esse foi o nosso primeiro encontro físico com conversação junto aos nossos "parceiros das estrelas" de uma das 49 raças vindas de galáxias distantes que, nas palavras deles, conseguem se deslocar para Terra em apenas um milésimo de segundo usando sua tecnologia avançadíssima.

Ficamos todos muito alegres com esse primeiro encontro, pois tínhamos finalmente alcançado essa frequência que abrira as portas para encontros mais rotineiros a partir daquele momento. Alcançamos esse extraordinário feito através de dedicação aos inúmeros treinamentos que sempre tiveram como alvo nossa evolução mental e consciencial. Iniciamos assim uma sucessão de conversações físicas com nossos parceiros de outros universos que se estendem até hoje. A cada nova oportunidade com eles, somos beneficiados com uma gama de novos conhecimentos que tem como base uma ciência chamada "Lilarial" que está bilhões de anos à frente da nossa ciência terrestre e da qual eles possuem um total domínio.

O INVISIVEL EXISTE - Fátima Ivanachetchuk
Noé Queiroz

Somos um casal criado com pais estritamente católicos e inseridos nos dogmas da Igreja. Por mais que eles falassem, suas palavras não batiam em nossa essência, e a inquietação frente a relação homem-divino apresentada pela Igreja, levava-nos a extrapolar nosso meio. A cultura de transferir para Deus a responsabilidade de nossas falhas e acertos parecia fácil demais, daí começaram nossas buscas.

 Nas religiões de viés espiritual, descobrimos a possibilidade da continuidade da vida como ferramenta de aprendizado. Buscando na ciência descobrimos o princípio da dúvida, de que os questionamentos movem o mundo e que o já conhecido é apenas o início de uma longa e fascinante caminhada.

Caminhada essa que nos levou ao encontro de um corajoso viajante, que nos repassa informações de um grande menino das estrelas sobre o autoconhecimento e o amor em todos os aspectos. Agora, com o conhecimento sobre o nosso potencial de realização, continuamos a jornada com um olhar diferente e a certeza de que, nas palavras de nossa querida irmã, "o invisível existe".

DO TANGÍVEL AO INTANGÍVEL – Alexandre Rampazzo

Uma realidade supostamente intangível necessita ser percebida aos poucos para ser compreendida. E, ser descoberta pela sua face tangível é algo menos assustador ao raciocínio lógico. É como uma viagem do conhecido ao desconhecido: a gente se agarra ao que tem.

Quando criança percebia "presenças" em meu quarto, mas meus pais disseram que aquilo era coisa da minha imaginação, que "fantasmas" não existiam. Assim posterguei por um período o flerte com um mundo paracientífico. Na adolescência, minha mãe tinha um Centro de Desenvolvimento Pessoal, que trazia para minha cidade pessoas para falar de Shiatsu, Astrologia, Meditação, Poder Mental. E comecei a perceber que havia pessoas que admiravam esse conhecimento e viam validade nele. A idéia de pzranormalidade, para mim, a essa época, era ler Malba Tahan, "O Homem que calculava", e sonhar com os prodígios que uma mente desenvolvida poderia fazer.

Eu já tinha lido sobre as pesquisas com fotografia *Kirlian*, meu pai era engenheiro e me confirmou a sua crença de que este aspecto da realidade fora comprovado cientificamente. Minha mãe, médica, viu um disco voador na Alemanha na década de 90. Ela estava junto com uma amiga americana, quando tinham ido visitar uma iogue indiana. E também minha tia alegava conversar, juntamente com um grupo de amigas com uma pessoa que alegava ser ET, que morava num apartamento no Rio, e discorria sobre filosofia e assuntos do universo. E um tio, ainda em minha infância, dizia ter visto experimentos reais de levitação de objetos. Eu não tinha tido nenhuma experiência pessoal, mas estava pronta a minha bagagem para enveredar nestes assuntos.

Quando meu pai faleceu, minha namorada era espírita kardecista e me levou para assistir palestras no Centro Espírita que frequentava, foi a primeira vez que fui. Ela não tinha me levado lá ainda pois achava que eu teria algum tipo de preconceito. E gostei. Gostei mais da parte das palestras do que dos passes, da água fluidificada e das mensagens após morte. Voltei algumas vezes por causa das palestras e para comprar livros. Ouvi pela primeira vez o nome de Ashtar Sheran, que era canalizado naquele centro, o qual divulgava que os extraterrestres tinham uma missão de resgatar os humanos do planeta terra em caso de cataclismos. Com toda a transição para o terceiro milênio, entrada na era de aquário, eu não acreditava em cataclismos, mas achava que a ideia de um novo porvir para a humanidade era totalmente necessário dado o quadro de extrema injustiça social em que vivíamos no Brasil ainda na década de 90.

Foi quando uma amiga falou de um grupo de pesquisadores em Corguinho MS, que utilizavam fotografia *Kirlian* e também tecnologias mentais par fazer contato com inteligências superiores. Conhecemos pessoas do grupo em 1999 numa palestra com o líder destes pesquisadores quando também demonstrou práticas de energização. Pude tirar a minha primeira fotografia *Kirlian*. A aura estava vermelha. E foi minha cor principal em todas as fotos até hoje.

Eu e minha namorada programamos uma viagem no Carnaval de 2000, já que não gostávamos mesmo das festividades tradicionais, com bebedeira e curtição, preferíamos programas mais calmos. E seguimos em uma excursão até o paralelo 19, numa região conhecida como Boa Sorte. Pensávamos assim, por que não? Vamos lá conhecer, ao menos é uma viagem. Diziam que a energia lá era diferente e que todas as pessoas que iam tinham alguma sensação diferente ou algo diferente acontecia.

Fui, assim que cheguei, tirar minha segunda fotografia *Kirlian*. E qual a minha surpresa, estava diferente da primeira! Havia um objeto luminoso no alto do meu ombro, bastante nítido. A pessoa que tirava as fotos me disse que precisaria mostrar à pessoa certa, e dirigi-me ao pesquisador orientador e ele disse, com ar categórico e sem titubear. -"Isso é um implante físico". Segundo ele, eu já estava habilitado a entrar numa nave espacial. Minha segunda foto era então um passaporte, pensei. Com essa promessa, a curiosidade me fisgou para novas viagens e a cada edição sempre algo pequenino mas suficientemente diferente acontecia para me instigar mais um pouco.

O fato de ter uma namorada com a cabeça aberta para estas experiências, e maturidade para caminhar com neutralidade, ajudou-me muito neste período inicial, e apesar de não estarmos mais juntos por conta daquelas briguinhas que vez ou outra insistiam em aparecer, eu sou muito grato a essa pessoa e desejo a ela todo bem do mundo. Hoje vejo que as polaridades energéticas de homem e mulher, quando em ressonância positiva, ajudam um potencializar o outro, construindo, ou destruindo se permanecer no negativo.

Nessas viagens, a atividade mais comum era a observação do céu a procura de objetos com comportamento diferente dos corpos celestes. Em uma noite de lua nova, pude ver o céu de Corguinho em todo seu esplendor, sem nuvens, sem poluição, sem luz artificial. As estrelas iluminavam o céu e eu nunca tinha visto tantas. O céu era apinhado de estrelas que mal se podiam ver na cidade. Naquela noite, o sentimento era de pertencer a algo maior, e apesar de toda a pequeneza frente às estrelas, sentia-me ligado ao todo. Foi uma noite de uma beleza indescritível, com dezenas de estrelas cadentes ou, como diziam para desafiar a lógica, caneplas.

Assim, antes de ver algo propriamente dito, tentei me conectar com o melhor de mim mesmo e com o melhor da natureza. Estar praticamente no meio do nada, no alto de um morro, dava uma sensação de conexão com os mistérios do mundo e do universo. Ainda assim, a ideia de ter contato com seres das estrelas assustava. E o teste de coragem que fazíamos voluntariamente era passar horas cronometradas, individualmente sozinhos, em meio à vegetação, enfrentando os nossos medos e condicionamentos. Medo do escuro, medo de assombrações do folclore brasileiro, medo de bichos e medo mesmo pela consciência de nossa própria fragilidade física. E, principalmente, medo de se expor ao desconhecido e desafiar as convicções que foram duramente talhadas em nossas mentes no decurso da socialização.

Duas vezes apenas pensei em desistir deste percurso e uma vez questionei a idoneidade do meu orientador. Cada um faz as perguntas que quer para obter as respostas que deseja, e admito que as respostas não foram nada racionais, e talvez por isso foram convincentes. Uma vez sozinho na mata, pedi um sinal da presença deles ali, e no mesmo momento um pedacinho de casca de árvore seca caiu sobre minha cabeça como se tivesse sido jogado. Não era racional. Outra vez pedi um sinal mais forte ao meu orientador e ele pediu que fechasse as mãos, respirasse fundo para materializar uma pedra, mas ao invés disso um giz de cera pulou do quadro negro, e ele me entregou intrigado, dizendo, -"olha sua pedra". Disse a ele que ainda duvidava, e pedi que ele me contasse se tudo que estava dizendo era verdade, olhando nos seus olhos, enquanto programei que se fosse verdade sentiria o meu cardíaco vibrar. Senti. E depois realizei que se a pedra tivesse se materializado, minha mente racionalizaria como um truque, mas um giz foi algo inusitado, pois todos os presentes tinham materializado pedras, inclusive eu anteriormente. Sem acreditar, pedi algo mais forte, e fui abalado por algo tão mais simples. Difícil explicar, mas sei que depois disso ao invés de questionar busquei compreender.

Vi muitos fenômenos de paranormalidade nesta trajetória, como por exemplo uma moeda sendo riscada por um prego invisível imaginado pelos presentes, bem diante de nossos olhos. Materialização de pedra, perfume, ouro. E vez ou outra a foto *Kirlian* ficava bem diferente, entre uma tomada e outra após o exercício de "fusão", em que aparentemente nada tinha acontecido, apenas deitávamos numa pedra, mas a foto era o lado tangível do intangível, a aura estava toda diferente, e a foto provou para minha mente racional que mesmo que nada acontecesse, aparentemente, tudo podia estar acontecendo. Isso que chamo de precisar do tangível para entender o intangível.

Nestas viagens, estar com pessoas diferentes que buscavam alargar a sua compreensão de mundo, era o mais interessante. Todos os pesquisadores gostavam de se reunir para um café na cantina e trocar experiências e vivências de mundo. Num desses momentos livres, um grupo desceu até uma pequena queda d'água, conhecida como "cachoeira". E partilho uma curiosidade que exemplifica como é esse ir do concreto ao abstrato. Um colega pegou dois seixos rolados no rio e segurou um em cada mão. Mantendo as pedras seguras, começou a girar rapidamente as mãos, uma em torno da outra, por trinta vezes numa direção e trinta vezes na direção oposta. Pediu-me que pegasse duas pedras e fizesse o mesmo enquanto nos banhávamos no rio com um grupo que se divertia. Ao terminar o giro com as mãos, ele disse, "as pedras estão magnetizadas", como imãs e poderiam se repelir ou atrair. Qual a minha surpresa ao parar de girar, havia um campo magnético perceptível ao tentar encostar uma pedra suavemente na outra, aproximando e afastando lentamente até quase tocar uma na outra. Era como se tivesse achado minha foto *Kirlian* de pedras. Pensei, se as pedras tem campo magnético então nós também temos, pois temos muitos minerais, e ao nos movimentarmos estamos interagindo com diversos campos. Esses "eurecas" simples e deliciosos faziam parte da convivência e das trocas de conhecimento entre os diferentes.

O simples é normalmente o intangível.

Hoje, por anos de vivências, treinamentos e pesquisas entre os diferentes, percebo que o simples que funciona para materializar a realidade que queremos é manter o foco no pensamento positivo, imaginando o resultado realizado. E, preferencialmente, sentir-se num neutro estado de contentamento. Trocar a reclamação por ação é um passo concreto rumo ao infinito.

FLUXO DA VIDA - Joaquim Nicolau Seidel de Souza

Assuntos relacionados em que a ciência não explica sempre chamou minha atenção. Minha opinião a respeito era sempre relacionado a linhas de pensamentos, religiões, etc. Conheci um grupo de pessoas que interagiam nesses assuntos com a física quântica e, chamou muito minha atenção. O fluxo da vida estava mais no meu controle do que eu podia imaginar! Sai de uma visão, digamos "vitimesca" para uma visão que eu era o causador - dentro de minhas crenças e atitudes criando moldes de pensamentos e atitudes e a vida enchendo de realidades. Saindo de uma única configuração de vida para uma vida de possibilidades.

O que era para mim tão impossível, este Grupo falava de interações com outras consciências no campo das possibilidades aliado a treinamentos e exercícios afins, mudanças de hábitos, comportamentos e atitudes. Conseguimos gerar com essa "consciência" um contato direto, físico nos passando muitos ensinamentos sobre o universo, nossa existência, alimentação, saúde, ciência, etc.

Em vários contatos/conversações diretas fisicamente com "seres de outras dimensões", um contato que muito chamou a minha atenção foi um ser que pertencia a "raça intramarinho", não identificado o seu nome, me direcionou um foco/flash de luz vermelha rubro muito forte que até hoje esta dentro do meu campo de visão. Algo tão difícil de explicar na nossa realidade física. Tão especial e real pra min que essa Luz até hoje esta presente em minha vida – não tenho como explicar esse momento especial que carrego até hoje!

PROFUNDOS OLHOS AZUIS – Carlos Magno Ramos

Em fim estamos nos dirigindo para o tão falado paralelo 19, do qual um ser alto, loiro e de olhos claros, para mim se apresentou, em uma noite qualquer.

Depois de muito insistir, falando da necessidade de que eu fizesse esta visita, acabei concordando com muita relutância, pois meu estado de saúde ainda se encontrava muito precário na época.

Uma vez decidido, contatei dois amigos, aquém devo muito em respeito e admiração, que prontamente se dispuseram a me acompanhar. No entanto, na noite anterior, já com tudo pronto para a viagem saindo de minha casa em Belo Horizonte, recebo um recado do líder do grupo que estuda ufologia e mundos paralelos, nos avisando para não iniciar a longa jornada de caminhonete para o Mato Grosso do Sul, pois que ele não poderia estar conosco, em virtude de compromissos importantes que o estavam impedindo.

Porem naquela mesma noite, novamente o amigo sideral de olhos claros, se apresenta e praticamente nos dando uma ordem, nos impela a seguir em frente, ainda que não tivéssemos o senhorio a nos receber e facilitar os contatos, que deveriam ser um dos grandes objetivos, visto que tal empreitada para nós até então, era apenas uma aventura ao desconhecido. Apesar do uso de medicamentos muito fortes para dor, a acomodação era muito difícil no banco de traz do carro, com a perna esquerda completamente imobilizada.

Após várias horas de estrada a inquietação ia tomando conta de todo o meu ser, pois já não estava mais aguentando esperar a hora de novamente tomar o analgésico, que além de aliviar a dor, parecia conseguir facilitar a minha respiração, tamanha a tensão e a insegurança, pois meu ortopedista havia sido muito claro ao dizer que se eu tocasse o pé ainda que com leve pressão, poderia perder toda a cirurgia de recomposição óssea, além de correr o risco de ficar mancando para o resto da vida.

Após um descanso noturno em um hotel do qual não podíamos exigir muito, retomamos a estrada, e tão logo passamos pela cidade de Campo Grande uma sensação geral de insegurança começou a tomar conta de todos nós. Foi quando o Paulo o amigo geólogo, muito descontraído fez uma sugestão, com a intenção de afastar todos os nossos receios com relação à nossa recepção no local próximo à cidade de Corguinho, visto que ninguém nos conhecia e o líder do grupo nos havia pedido para não ir.

- Se for para sermos bem recebidos, vamos pedir para que passe um casal de pombas brancas na frente do carro.

- E tem apenas quinze minutos para aparecer, disse eu entusiasmado.

Mas o carro continuava a uma velocidade de cento e vinte quilômetros por hora, o que deixou todos meio que sobressaltados, pois se de fato as aves aparecessem, teriam elas a capacidade de se fazerem visíveis, já que o carro deslizava velozmente pelo asfalto? Passados um pouco menos de dez minutos, lá veio a revoada encantadora, que fez imediatamente todos soltarem gritos de euforia.

Imediatamente, quase com uma certeza de que estávamos lidando com energias completamente novas para nós, e energias muito mais capazes tridimensionalmente, do que tudo que jamais conhecêramos, propus seriamente, que desta vez passasse um casal de aves contendo a cor amarelo, rosa, azul e rubi. Imediatamente veio um protesto quase que em coro dos dois, pois que acharam um absurdo eu ficar exigindo tanto das forças da natureza.

- E mais, tem apenas dez minutos para aparecer e se assim não acontecer, retornaremos imediatamente para Belo Horizonte, do ponto que estivermos.

Após um silêncio ensurdecedor, onde a respiração de todos podia ser ouvida, porém mais acelerada, um grito estridente e enlouquecedor ecoou por aquelas planícies. Um casal de araras se curvou ao nosso pedido e quase que em câmara lenta passou, deixando ver a cor azul, amarelo e um vermelho quase rubi.

- Vai tudo dar certo Carlos, mesmo com o seu extremismo, seremos bem recebidos.

- Bom, não é bem assim não, pois ficou faltando a cor rosa, e sem ela nós ainda iremos voltar. Temos apenas mais quatro minutos para que o prazo se esgote totalmente, retruquei.

Silêncio velórico se estabeleceu novamente, onde provavelmente com algum esforço eu poderia ouvir os dentes dos dois rangendo de raiva, tamanha a minha prepotência. Mas parece que os seres realmente queriam que conseguíssemos vencer todas as provas, pois o mesmo casal parece ter feito a volta e cruza em nossa frente, mostrando as patinhas cor de rosa. Ai, os gritos e agradecimentos não pararam, como também não pararam os tapinhas que recebi por ficar fazendo desafios tão angustiantes. Mas chegamos. E recebidos muito calorosamente pelo "Índio", tiramos a lona da carroceria e nos propomos a subir a montanha para acampar no alto do morro.

- Mas ninguém pode passar a noite lá em cima, nos disse ele. O nosso líder nunca permitiu que alguém lá acampasse.
- Olhe para o meu estado "Índio"....., você acha que se eu conseguir chegar lá em cima vou dar conta de descer, para subir novamente no dia seguinte?
- É, eu já estou sabendo que o seu acidente foi feio, e mesmo sem nunca ter vindo aqui, acho que poderemos fazer uma exceção e depois eu me viro para explicar para ao Orientador.

Me preparei colocando capacete, cotoveleiras, joelheiras e botas de motoqueiro de Cross, que o meu irmão, Gustavo havia me emprestado, para não correr o risco de me machucar mais do que já estava. Sabe, naquele tempo a subida era muito íngreme, não havia a facilidade da maravilhosa rampa que hoje facilita para todos. As pedras rolavam, escorregavam e com duas bengalas nas mãos, e puxado pelas costas por um, e empurrado pelo outro, fomos nos arrastando.

A penúria era lancinante e não sei se era pior para mim ou para os dois samaritanos, que pacientemente me carregavam, em meio a um verdadeiro banho de suor que nos molhava completamente. Suor, poeira, cansaço extenuante. Depois de varias pequenas paradas, após mais ou menos umas duas horas de subida, os dois se jogaram contra o chão, sem conseguir dar mais nem uma arrastada. Quando conseguiram recuperar o fôlego e me olhando como se fosse um fardo muito mais pesado do que eles poderiam imaginar, disseram:

-Carlos, nós vamos descer novamente para refrescar o corpo, tomar uma água, e quando nos sentimos revigorados voltamos para tentar novamente.

Apenas acenei com a cabeça, pois não conseguia sequer soletrar uma resposta. Ali sozinho, naquela trilha esburacada de pedrinhas soltas, transpirando continuamente, como se fosse secar-me completamente por dentro, aventurei a olhar para cima e percebi que não havíamos atingido nem a metade da subida. Neste instante comecei a me desesperar e quase que em agonia, comecei a falar sozinho, esbravejando, xingando a mim mesmo por ter dado ouvidos aquele homem loiro, dos profundos olhos azuis, que nem mesmo seu nome me havia revelado.

- Mas que cara irresponsável! Será, que ele não percebeu que eu estou me arrebentando em dor, que a fraqueza tem sido uma constante desde a fratura da perna e que os oito quilos que já perdera também haviam atrofiado minha musculatura e com ela minha força, minha vontade e perseverança também?

Esfreguei o rosto com as mãos sujas, fazendo uma verdadeira lama, que para agravar entrou no meu olho e eu não conseguia nem um pedacinho da camisa, limpo e seco para limpá-lo. Soltei um grito......, não! foi um grunhido mesmo, mas de raiva, de desespero e também de desalento para com o Altão sem coração que me havia feito ir até aquele lugar tão inóspito. Mas quase que imediatamente, o rosto seguro e de olhar austero surgiu dois palmos diante de mim. Fixando profundamente seu olhar nos meus, de uma maneira tão incisiva, que eu não ousava desviar.

- Carlos, tudo tem início, meio e fim. Você chegou até aqui, se esforçou e chegou a um ponto intermediário. Agora é só terminar. Busque força onde você sempre as encontrou, não procure ser diferente e volte-se para a sua sensibilidade, certamente perceberás que por momento algum de toda esta dificuldade ficastes sozinho, mas contrariamente, muito bem assessorado e amparado por seres vários, de dimensões muitas, que os esperam.

A força daquele homem magnífico havia entrado em meu coração de tal maneira, que antes mesmo dos amigos retornarem, eu já me arrastava pelas valetas, com uma voracidade e determinação que poucas outras vezes havia percebido, em mim, com tamanha garra. Mais alguns minutos e com a ajuda dos dois companheiros, chegamos até a encruzilhada, onde uma via dava para o platô e a outra para as crateras. Como verdadeiros molambos de gente, caímos por terra, sem saber para onde seguir ou muito menos se conseguiríamos nos levantar dali. O geólogo, mais acostumado com andanças prolongadas, por entre matas na exploração de minerais, levantou-se e foi explorar o lugar, na tentativa de encontrar um local mais próximo onde pudéssemos armar as barracas, pois a noite também começava aproximar.

Não nos importamos de esperar, precisávamos daqueles instantes de descanso. Quando voltou, já veio com determinação de pegar as bagagens e montar a minha barraca, para que quando lá chegássemos, eu pudesse em fim desmaiar, ou morrer, mas como estão vendo, não cheguei a este extremo.... Com passadas fortes, o amigo aproximou-se, bastante seguro de
si, ajudou-me a levantar, cheio de palavras de estímulo, como querendo me consolar, dar-me animo, pois que estava próximo o momento de repouso.

Meio que cambaleante, amparado nos ombros pelos dois complacentes homens, continuei em pequenos saltos, sobrecarregando a perna direita e os punhos, que mal conseguiam firmar as muletas. Não conseguimos ir muito longe e ao primeiro local de clareira, descemos um pouco com muito cuidado e de frente para aquele morro maravilhoso, soltei-me escancaradamente naquelas pedras quentes, apenas conseguindo imaginar algumas boas horas de sono reparador.

Com uma rapidez inacreditável armaram a minha barraca primeiro e em um colchão inflável me deitaram. Rapidamente cruzei os olhos com eles, mas foi o suficiente para perceber a profunda compaixão e ternura que deles irradiava em minha direção.

Mal encostara a cabeça e me lembrei que dois dias antes da partida, havíamos sido avisados por uma mulher muito especial, que nos disse que se realmente em nossos corações estivéssemos com propósitos altaneiros, visando a auto reformulação ao invés da busca de fenômenos, cairia uma fantástica tempestade, como a nos dar boas vindas. Mas o dia apesar de já estar acabando, ainda permitia o sol escaldante e o suor escorrer como verdadeira cachoeira por entre todas as nossas dobras do corpo. E o mais intrigante, era que os rapazes já tinham colhido notícias de que já havia mais de seis meses que não chovia por aquelas bandas.

- Amarre uma corda em todas as barracas, pois a noite será severa com a tempestade e a ventania que sobrevirão, disse eu.

Fitamos o céu, e entreolhamo-nos como se não acreditássemos na possibilidade de cair alguns pingos que fossem de chuva, inclusive eu, mas ainda assim, fizeram o que eu pedira, mas não colocaram o forro por cima da minha barraca, na boa intenção de acreditar que ficaria mais fresco para mim. Apaguei, não sei por quantas horas, mas sei que de repente em um verdadeiro susto, acordo com muita dor na perna e em todo o corpo e com um frio de causar calafrios, o que ia contra tudo que havíamos vivido durante o longo dia. Um vento avassalador e uma chuva que de tão forte, parecia querer lavar todas as impurezas do mundo de uma só vez, me percebi todo encharcado, com água que já transbordava para fora da barraca. Tentei gritar por ajuda, mas o ruído das arvores sacudidas e do temporal sobre as pedras, impossibilitava qualquer pessoa de conseguir me ouvir. Assim sem nada poder fazer, apenas achei dois comprimidos para dor e tomei-os, novamente adormeci sem saber ao certo o que aconteceria conosco.

Lá pelas tantas da madrugada, ouvi conversas, e com dificuldade coloquei o rosto para fora da barraca e vi aqueles dois homens de bem, enrolados em toalhas procurando acender um fogo para se aquecer. Sem nada comentar voltei para dentro da casinha de lona com mais de um palmo de água e novamente adormeci. No dia seguinte, bem cedinho, já estavam eles me chamando para comer alguma coisa, foi quando se deram conta de que minhas roupas estavam ensopadas. Me retiraram dali, trocaram minha roupa e me assentaram voltado para aquele maravilhoso platô, que só agora conseguia admirar com todo o agradecimento e emotividade.

Aqueles dois trabalham várias horas tentando preparar o lugar, armar uma lona onde deveria ficar a cozinha e, um local de sombra para que eu, que impossibilitado de me locomover, conseguisse me sentir melhor acomodado.

Ali sentado em uma cadeira de dobrar, requisitava forças aos elementais, após pequeno trajeto percorrido até a barraca, onde o dispêndio de energia havia sido extremo para a minha perna sadia.

Buscando me serenar, procurava colocar em evidencia todo o treinamento que havia recebido desde a minha adolescência, no sentido de perceber todas as sensações externas, em um grau acima da média, para então interpretá-las muito mais pelo sentimento do que pela razão. Era me sintonizar, expandir meus sentidos, que todos os melindres um dia criados em momentos de pouca vigilância, simplesmente iam se dissolvendo e me comovendo a ponto de derramar lágrimas, totalmente preenchido por aquela esplendosa beleza.

A vegetação característica de cerrado compunha o quadro, conjuntamente com um zumbido cada vez mais ensurdecedor que ia tomando conta de meus tímpanos. Às vezes a respiração ficava difícil, como se no ar não houvesse quantidade suficiente de oxigênio para suprir as necessidades metabólicas do corpo cansado. A rusticidade e aspereza do local, se antagonizam com a delicadeza e leveza vibracionais vigentes. De repente quase em sobressalto comecei a observar alguma coisa meio que etérea se movendo em nossa direção e sem fazer alarde, procurei prestar atenção na qualidade da energia que dela provinha, e como por uma dádiva divina, algo extraordinariamente comovente tomou conta de todo o meu ser.

Tentei balbuciar algumas palavras na tentativa de aprofundar aquele contato, contato com algo que realmente não saberia definir o que era. Mas meu terceiro olho era muito bem treinado naquela época e pude ver definindo-se aos poucos, um homem alto, cabelos muito pretos e compridos, que emanava uma suavidade pouco comuns. Meus amigos se aproximaram, meio que sem entender, pois nada viam, reforçado a minha teoria, de que aquele ser não se materializara para os nossos sentidos visuais físicos, mas ainda assim tinha a missão de nos passar algum conhecimento que se relacionava à aceleração do hemisfério cerebral direito, para que pudéssemos aproveitar melhor a nossa estadia naquele local escolhido por Deus.

Várias foram as vezes e os dias em que fomos agraciados por aquela consciência energética, professor nato de cérebros acanhados. Naquela mesma manhã, nos vimos diante do espetáculo transcendente de cinco naves alinhadas em meio à uma nuvem de corrente elétrica e o desvencilhar de outras douradas e brilhantes que milagrosamente penetraram montanha a dentro.

Por várias vezes gritávamos: - "nave às treze horas", "objeto dourado em grande movimento às doze horas", e assim qual crianças que ganham brinquedos favoritos e nunca antes vistos, rejubilávamos e agradecíamos a Deus por nos permitir presenciar beleza tão ímpar.

Dois dias depois, em torno de duas horas da madrugada, com nossas almas jubilosas no alto do morro, recebemos a visita do "Mentor principal", o escolhido que encontrou o caminho e a morada de naves e seres de outras dimensionais. Depois de um pouco conversarmos, e relatarmos o que havíamos visto, ele com muita simplicidade e naturalidade, nos perguntou se queríamos ver mais alguma nave. Imediatamente respondemos em coro, que sim. Friccionando as mãos e depois apertando o indicador e o médio nas frontes, virou-se em direção àquela grande montanha, e quase que imediatamente, eleva-se um grandioso objeto, como se fosse de ferro mesmo, mas um ferro meio que enferrujado, que tinha a parte debaixo fixa e a parte superior, onde se podia visualizar algumas poucas janelas, emitindo uma luz bastante amarelada, girando bem devagarzinho. Ficamos muito impressionados, boquiabertos e estatelados, acompanhando com os olhos e com o corpo até que ela desapareceu totalmente atrás das arvores.

- Ela vai dar o giro e novamente surgirá no mesmo lugar, nos disse ele, bem calmamente.

Enquanto dávamos tempo para ela voltar, ele nos interrogava, sobre nossas intenções e tenho certeza, observava nossas auras e percebia nossas vibrações. Mas lá veio ela novamente, jubilosa e espetacular cortando completamente nossas vozes, enquanto que ele, encostava-se sobre os próprios cotovelos, prestando atenção em nossas reações, como se aquilo fosse a o fenômeno mais natural do mundo. Depois de se despedir, desceu o morro, deixando a entender que ainda teríamos muitas surpresas positivas, pois que segundo ele próprio, nossas energias estavam bem propícias.

No dia seguinte, com o nascer do sol, um ser maravilhosamente dourado, com profundos olhos azuis, chegou a poucos metros de nós. A vibração era impressionante, embora a sua manifestação para nossos olhos físicos fosse muito pequena. Inicialmente como uma bola, mas depois tomando uma forma mais para humana, como em um verdadeiro espetáculo de subtilidade e leveza experimentados pelo coração. Sem nem mesmo racionalmente saber porque, o geólogo buscou a sua máquina fotográfica e com ela registrou não apenas a beleza daquele alvorecer solar, mas as impregnações fluídicas daquele magnífico "Ser" de luz, que nem mesmo imaginávamos ser capaz de sensibilizar o filme. Mostrado em três estágios de metamorfose, o ser conosco ficou durante alguns minutos, e acabou sendo capa de meu livro "Meus Mestres Invisíveis".

Com aquela primeira viagem ao paralelo 19, minhas retinas decididamente se impressionaram com as luzes vermelhas que cortaram o horizonte de um lado ao outro sim, mas meus músculos cardíacos insistem ainda em pulsar experimentando uma sensação gostosa e graciosa, quase que gritando para não vangloriar as formas, mas com humildade permitir os sentidos fluírem na captação da vibração que em tudo está presente. As comunicações com tais consciências, praticamente foram portadoras de incentivo ao treinamento da aceleração molecular da área cerebral direita, até então adormecida, nos eternos anos desde o sopro de nossa criação.

No entanto, mesmo espantado as pequeninas abelhas e mosquitos curiosos que aguçam a sensibilidade da pele, percebia a grande necessidade de interação do que fora apreendido e praticado em meu passado sobre sensitividade e percepção vibracional, com a união harmoniosa do despertar mental. Mais do que nunca aprendi ali que toda a materialidade de nossas vidas, bem como todo o tempo gasto em preocupações desmedidas na aquisição de meios que nos permitam a sobrevivência física e conforto para familiares, nos levam a perder um tempo preciosíssimo, em virtude de nossa ansiedade, insegurança.

Assim mais confiantes no potencial vivo em nossas consciências, poderemos melhor nos espelhar no Cristo, lutarmos pela união, pela congregação que deve imperar em todos os corações, fazendo de todos, não mais personalidades separadas por nações e principalmente por conceitos religiosos extremistas, mas irmãos prontos a compartilhar conhecimento uns com os outros.

Naquela montanha, em meio ao calor e aos mosquitos que adoravam saborear nosso sangue, percebi sem sombra de dúvidas, que todos os povos tem de se tornar um só e como uma grande unidade, trocarmos as nossas experiências, cada qual passando aquilo que melhor possui. Acredito sim, que somente seguindo o exemplo do Cristo Cósmico, que usando a aceleração mental a todo instante, inclusive para melhor perceber quem entre a multidão estava apto, dentro das leis de causa e efeito, para a realização de algum fenômeno de "cura", bem como conhecer o que se passava nas mentes de seus perseguidores, para aproveitando-se de todas as situações dar o exemplo sincero de amor ao próximo, alcançaremos uma realização mais plena do que a nossa essência realmente deseja.

Coração e aceleração mental, trabalhos conjuntos, que dentro da serenidade emocional, nos trarão a complementação e aceitação do que forma a real Divindade, incutida no interior de todos nós.

Capítulo VIII

Habilidades

SOBRENATURAL - Jonatas Botelho David

O Sobrenatural, a mediunidade, o chamado ser sensitivo sempre foi forte em minha família.

Minha Amada avó Irene Botelho era a mais evoluída de nós, ela tinha a habilidade conhecida como percepção extra sensorial, movia as coisas ao redor dela pela mente e saia do "corpo" e vinha nos visitar a noite enquanto dormíamos.

Minha mãe, querida Maria Madalena, que tanto amei e continuo amando tinha as mesmas habilidades de minha avó, com exceção das visitas noturnas e mover os objetos, mas ela se comunicava e via pessoas que já tinha desencarnado, eu e meus irmãos temos a habilidade de sentir a energia do local se e boa ou ruim, inclusive consigo controlar meus sonhos plenamente e as vezes vejo pessoas que não estão mais nessa Dimensão.

Bom, vou relatar algo que acontecia sempre com minha mãe, que me fascinava e todos aqui em casa quando acontecia a família seguia a risco.

A Véinha ou Gordinha Mama como a gente chamava a nossa Mãe sentia e via quando ia acontecer algo de ruim ou bom seja viagem etc... uma vez eu ia fazer uma viagem, e ela um dia antes dizia meu filho não vai, não. Tô sentindo que vai acontecer algo nesse passeio seu me escuta não vá dessa vez, bem eu não ia né se a mãe falou a gente escuta e obedece, e não é que no dia seguinte eu fiquei sabendo que no trecho para onde eu ia passear teve um grave acidente.

Essa rotina foi se repetindo sempre ao longo dos 36 anos que tive minha mãe ao meu lado, eu e meus irmãos passamos a respeitar e até cancelar o que fosse fazermos fora de casa se a nossa mãe falasse algo.

Houve uma época há 13 anos atrás tivemos um restaurante caseiro, estava eu e ela no final da tarde conversando e o estabelecimento já fechado, quando de repente minha mãe olha pra min com os olhos regalados e com a expressão assustada e falando, meu filho, aquela amiga nossa sofreu um acidente e acabou de falecer, ela já com as mãos na cabeça vendo toda cena, aquilo me fascinou e me impressionou muito com o poder que ela tinha, e outra vez aqui em casa em conjunto vimos um conhecido nosso se despedindo (estava falecendo) .

Somente vi a pessoa na porta, ela já sentiu viu como foi e o viu na porta também. esses dois momentos ficaram marcados pra mim, pra sempre.

O que quero passar pra vocês amigos e parceiros da Sublimação e demais grupos, é que se vocês tem alguém assim na família e se dizerem pra não ir pra algum lugar específico siga o conselho.

Ou seja, sou de Uberlândia MG, Formado em Historia e Radiologia, participo do Grupo há 1 ano, sou novato e ainda tô aprendendo e atualizando os conhecimentos que já tinha sobre o assunto Ufologia ou ciência Lilarial, e tenho a convicção que estou no grupo certo com as pessoas diferentes igual a mim e nesse pouco tempo já vi e presenciei muita coisa bacana.

TRANSPARÊNCIA - Hildete Souza Almeida

Há anos faço parte de grupos de estudos cada um com seus ideais porém passado alguns anos encontrei um grupo que os seus estudo tinha mais a ver comigo. Com profundidade de ideias e grandes conhecimentos que mudou definitivamente meus ideais e minha vida fazendo assim, um salto quântico.

Muito e muitas coisas acontecerão neste período. Um deles foi o primeiro contato que tive com uma entidade e, uma das moças que estava comigo, éramos três, falou:

- aproxime-se para que a gente possa te ver melhor.

Ela falava cantarolando, e seu plexo se iluminou completamente, a gente via ela por dentro, via o coração trabalhando, simplesmente incrível, nunca esquecerei.

Estes estudos me deram grande conhecimento na ufologia científica. Ciência paracientífica que recebemos de fonte específica de civilização antiga, chegando ao ponto de construirmos uma cidade futurista que fica no paralelo 19, a oeste de Mato Grosso do Sul, município de Corguinho.

EU... UMA DIFERENTE! - Rosangela Amaral

Andrade Relato de Rosangela Amaral Andrade - MG

Eu... uma diferente!

Eis que naquela minha busca incessante que algo me desse sentido à vida, sou chamada a assistir uma entrevista em um programa de tv : - " Venha ver, é um assunto que você gosta", dissera meu marido. Curiosa, deitei no chão, assisti a tal entrevista. O entrevistado era um senhor, brasileiro, com nome francês, Paul Louis Loussac, dizia ser um extraterrestre e que tinha entrado num corpo de uma criança de 3 anos que acabara de morrer, isto era necessário porque precisava cumprir a missão de ajudar a raça humana. Falava sobre uns aparelhinhos que diminuíam a frequência cerebral abaixo de ½ hertz, a fim de relaxamentos e curas.

Mais curioso é que eu não me lembrava de ter ideia de que este tipo de assunto me interessava.

Em determinado tempo da entrevista o apresentador relatou ao entrevistado que tinha um amigo que também trabalhava com frequência mental, mas que inversamente, com a frequência alta, então propôs se ele aceitaria voltar na outra semana pois este amigo viria ao programa e poderia trocar experiências, ficou acertado que ele voltaria.

Mas.... aquele nome do amigo me soou diferente, como se uma chave acabasse de ligar meus circuitos mentais. Foi uma semana altamente longa devido minha ansiedade pelo novo encontro e finalmente conhecer o tal amigo.

Pois bem, a simples visão do amigo , para mim um diferente, uma pessoa super simples, segura de suas informações e muito carismática, me despertou para um novo caminho e já fazem 18 anos de pesquisas, estudos e uma bagagem infindável de conhecimento. Caminho este, feito passo a passo, e para bem da verdade sem volta. Hoje entendo o por quê de sempre me ver em um espelho, invertida, pois era uma diferente de todos nas minhas fases de vida até então. Esta pessoa me levou a despertar para o que estava à procura, e hoje ele é o meu amigo especial.

Cada vez mais me orgulho de ser uma diferente num grupo de diferentes, aqueles loucos como somos muitas vezes denominados, mas somos muito loucos para mudar o mundo, como nos disse certa vez nosso parceiro, o **M**enino das **E**strelas. Tenho a riqueza de receber o aprendizado direto de parceiros, os mais pacientes do universo.

Cresci, ainda menos que já deveria ter crescido, mas uma enormidade em desbloqueios e habilidades.

Sempre trazia comigo uma certeza que nascera neste planeta para cumprir um compromisso além do que viver apenas o dia a dia de um terráqueo. Uns dez anos após o início neste grupo que me engajei aconteceu um encontro inusitado, muito desejado, treinamentos infindáveis e passo aqui o relato da experiência ocorrida com um grupo de doze pessoas, em 1 de janeiro de 2009, em uma fazenda em um município do Mato Grosso do Sul. Por volta de 22 horas, após o jantar, subimos a um morro, um grupo de homens e outros grupos mistos para tentar um encontro com os parceiros, reunimos em um local denominado Platozinho dos Intras, deu-se o início das atividades, que consistia em percorrer uma trilha, denominada Trilha do Ashtar, aberta em meio à mata.

Iam passando grupos pequenos que ao chegarem a um local denominado Marcas iam liberando o grupo seguinte. Então chegou a vez do grupo que eu estava (2 homens e 3 mulheres) Fomos orientados que passaríamos por uma trilha e deveríamos observar se aconteceria alguma manifestação (pedras caindo, perfume no ar etc), seguimos então enfileirados, como chovia eu estava de capa e o capuz impedia ouvir e um melhor movimento porque carregava lanterna, cadeira etc e tal, na trilha a minha lanterna começou a ficar com o foco muito fraco, então tive que pegar a outra que também não estava mais iluminando muito bem.

Passamos pela trilha e não percebemos nada, a não ser um que disse ter escutado cair uma pedra (barulho fraco), no final da trilha fomos orientados a voltar e aguardar no Refeitório. Seguimos em frente, quando chegamos em uma bifurcação, como eu era a penúltima não sei quem decidiu passar pelo local denominado Platô, a partir daí a chuva já tinha parado, quando saíamos do platô, a que estava por último disse: "Gente, vocês passaram em cima de uma cobra! Uma cobra coral!", achei estranho porque, como a minha lanterna estava fraca eu estava muito atenta onde pisava e não tinha visto cobra alguma, voltamos imediatamente, foi jogado o foco da lanterna nela, ela então começou a serpentear em direção ao mato, quando tirava o foco ela parava, conversamos com ela sobre o perigo de ficar ali, tanto para ela como para outras pessoas que viriam passar, ficamos focando as lanternas nela e acabou por entrar no mato.

Continuamos a nossa caminhada, então começamos a refletir do porque de não termos tido o encontro com os parceiros, citando que poderia ser para fortalecer no grupo a Paciência e Tolerância, quando eu ia comentar, caiu uma pedra (sonoplastia) tão grande que, de susto, dei um grito e pulei, sei lá o que pensei na hora, mas o mais impressionante é que nem naquele instante tive nenhuma emoção de medo (minha companheira por muitos e muitos anos), só a certeza que chegara o momento que esperávamos. Estávamos mais ou menos uns 10 metros da bifurcação para a descida ao Refeitório.. Alguém do grupo orientou que deveríamos dar as mãos, o que fizemos. A partir daí começamos a ouvir uma conversa, a voz de uma pessoa feminina, muito suave e melodiosa, era uma voz diferente da voz humana, mas difícil explicar como. Aí tivemos a certeza do encontro.

Grupo: é um contato?

Pessoa masculina: Sim

Grupo: Devemos ficar aqui ou andar mais?

Pessoa masculina: Sim

Ouvimos uma conversa entre eles, muito rápida e ininteligível para nós. A voz masculina soava grave e repentina, enquanto a voz feminina soava suave e melodiosa.

Grupo: É para ficarmos aqui?

Pessoa feminina: Esperem

Neste momento vimos luzes de lanternas aproximando e pedimos que aguardassem pois estávamos tendo um contato. Neste momento a ser feminino disse : Chamar outros do grupo.

Grupo: Que outros?

Pessoa feminina: estão próximos.

Então chamamos aquele grupo, que eram sete homens, para juntarem-se ao nosso.

Pessoa feminina: Deem as mãos.

Demos as mãos, formando uma linha, colocando a direita por cima e a esquerda por baixo.

Pessoa feminina: Sintonia

Grupo: Precisam nos sintonizar

Pessoa feminina: Sim.

Grupo: Como faremos isto?

Pessoa feminina: Sentem

Sentamos no chão e continuamos de mãos dadas.

Pessoa feminina: Litith (a "primeira mulher")

Pensando que ela referia a uma pessoa do grupo que tinha a frequência dela, perguntamos: Vocês tem alguma coisa a dizer para ela?

Pessoa masculina: Não

Pessoa feminina: Lilith presente.

Ouvimos novamente a conversa entre eles, muito rápida e ininteligível. A voz masculina sempre com a voz grave e repentina e a feminina suave e melodiosa.

Grupo: De onde vocês são?

Pessoa masculina: Ophiuchus

Grupo: Como vocês vieram?

Pessoa feminina: Teletransporte

Grupo: Quanto tempo levou?

Pessoa feminina: Milionésimo de segundo.

Grupo: Como é o nome de vocês?

Pessoa masculina: Artar

Pessoa feminina: Libi

Repetimos os nomes que entendíamos várias vezes, recebendo não até pronunciarmos corretamente e ouvirmos o "Exato" das pessoas masculina e feminina.

Grupo: Podem ajustar nossa frequência para podermos entendê-los mellhor?

Então ouvimos um lindo som de flauta, suave e contínuo – que durou cerca de 30 segundos.

Libi: Treinamento

Grupo: Que tipo de treinamento?

Libi: Treinamento habilidades.... urgente

Grupo: Precisamos fazer treinamento?

Libi: Sim

Grupo: E esse treinamento é para nós?

Libi: Para todos

Grupo: Para todos os que estão aqui?

Libi: Todos os que estão e que não estão.

Grupo: E quais habilidades devemos treinar?

Libi: Consolador

Entendemos com essa palavra que deveríamos obter detalhes para realizar o treinamento com nosso Orientador que tem a frequência de Consolador.

Grupo: Existe alguma razão para estarmos juntos aqui, este grupo? Já estivemos juntos no passado ou alguma coisa assim?

Libi: Irmandade

Grupo: Fomos uma irmandade? E qual o nome dessa irmandade?

Libi: Liberdade

Grupo: E quando foi que existiu essa irmandade?

Libi: 1800 antes de Cristo

Grupo: Em qual região atuou essa irmandade? Libi:

Grécia....Mongólia....América do Sul.....Atenas

Libi: Podem nos ver?

Grupo: Não

Libi: Ficaremos pesados

Sentimos certo sofrimento na voz. Vimos o mato mexer.

Grupo: Qual a distância que vocês estão de nós?

Libi: Quatro metros. Podem ver?

Grupo: Não

Libi: Acender lanternas.

Grupo: Em vocês?

Libi: No chão

Nesse momento uma pessoa conseguiu ver um vulto muito alto e perguntou se o que estava vendo eram eles.

Libi: Sim

Os demais responderam que continuavam não vendo.

Libi: Estamos ficando mais pesados.

Novamente sentimos um sofrimento na voz. E mais uma vez ouvimos uma conversa entre eles, muito rápida e ininteligível para nós.

Libi: Sonoplastia, não assustem.

Então vimos uma luz brotar do chão à nossa frente, crescer e "explodir". Vimos vários movimentos do mato, com folhas e troncos sacudindo e ouvimos ruídos fortes de galhos se quebrando.

Libi: Dois metros. Podem ver?

Grupo: tem uns arbusto e árvores na nossa frente (ainda estávamos sentados no chão). Podem se mover para a direita?

Libi: Sonoplastia.

Mais uma vez vimos a movimentação do mato, com as folhas, arbustos e troncos de árvores sacudindo e ouvimos ruídos de passos, como se estivessem caminhando.

Grupo: Podemos aproximar?

Libi: Muito cedo.

Grupo: Podemos tocá-los?

Libi: Queimarão

A diferença entre a energia/vibração deles e a nossa é tão grande que uma proximidade maior nos queimaria.

Grupo: Quando poderemos?

Libi: Próximo...cumprir primeira etapa.

Entendemos que será em um próximo contato após concluirmos a primeira etapa deste compromisso recebido.

Grupo: Quando será nosso próximo contato?

Libi: 3 meses

Grupo: Tem que ser aqui na fazenda?

Artar: Não

Grupo: E pode ser em outros locais?

Artar: Exato.

Grupo: Vocês irão passar um compromisso?

Libi: Passar a experiência na mídia.

Grupo: Que tipo de mídia?

Libi: Todas.

Grupo: Podem nos ativar?

Libi: Grupo precisa sintonia. Levantem..... fiquem de costas.

Soltamos as mãos, ficamos de pé, viramos de costas e nos demos as mãos novamente. Então vimos um forte facho de luz amarelo/dourado, vindo de trás e nos cobrir.

Libi: Prossigam

Grupo: Para a direita ou para a esquerda?

Libi: Projeto

Então agradecemos e nos despedimos dizendo: "Vibração" e nos dirigimos de volta à fazenda, celebrando, eufóricos essa experiência.

Libi e Artar: Vibração!

Depois de nosso relato para as pessoas no Refeitório, ao sairmos comentei com o Orientador sobre o que havia sentido sobre a mudança da voz da Libi, e perguntei se eles sofriam quando ficavam pesados, ele disse-me que era mesmo que estar perto do fogo e ir queimando.

Até então nosso grupo tinha a ideia que o compromisso era de divulgação na mídia, mas no outro dia caímos na real, além da divulgação da experiência, nosso grupo terá de ajudar o Orientador no Treinamento das Habilidades. Estamos no aguardo de orientações.

O grupo Irmandade Liberdade colocou na mídia diversos vídeos sobre o relato, cumprindo assim o que foi pedido.

- A titulo de curiosidade: tentando definir se o nome dela era "LIBI" ou "NIBI", alguns entenderam um e outros o outro. Uma pessoa do grupo então "sonhou" que ela dizia LIBI, ele acordou dizendo o nome deles : " ARTAR.........LIBI.........., LIBI......ARTAR" .
- Como sou mineira e no grupo eram 7 mineiros, lembrei do lema da bandeira de MG : LIBERDADE MESMO QUE TARDIA.

SEXTO SENTIDO – Dora Pabla Torres Guzman (Paraguai)

"Desde muy niña tenia zumbidos en el oido y jamas me molesto, lo tomaba como algo gracioso. A medida que que hiba creciendo pensaba o soñaba que ocurriera algo y se cumplia despues de un buen tiempo. Otra cosa que me llamaba mucha la atencion es que siempre tuve una gran comprension de las cosas y nada era ireal para mi."

En 2012 conoci en Pirayu - Paraguay a un Joven que ha pasado muchas informaciones sobre calidad de vida que podria ayudar a todos a desarrollar sus capacidades. Estos conocimientos fueron la importacia en realizar una buena alimentacion, ejercicios y tener pensamientos positivos! Que todas las habilidades, la fuerza y el poder de comprensión estan dentro de cada uno, nosotros solamente debemos seguir pautas dadas por este joven viajero de las estrellas. Estas habilidades son: ver mas alla de lo fisico, telepatia.

OS LIMITES – Eulaine de Oliveira Pereira

Durante toda minha vida sempre foi assim: entender o que eu fazia aqui neste planeta, porque estava aqui, qual o meu objetivo e a razão desta vida.

Buscava explicações e me conscientizava que tudo tinha uma razão de ser, independentemente do que acreditava ou estava vivendo naquele instante comigo e com as pessoas ao meu redor, buscando o que estava me angustiando e me deixando sempre com sensação de que havia algo inexplicável e adormecido. Questionava a todo instante que poderia haver outros planetas habitados além da nossa Terra, e que poderiam existir dimensões interagindo conosco.

Vivenciei experiências incríveis em sonhos, que pra mim era uma realidade. Mas quando acordava não sabia qual era a verdadeira, se a do meu sonho ou a acordada. Comecei a escrever minhas aventuras das habilidades latentes em ativação durante os sonhos, ou seja, bilocação, viagens a outros planetas habitados, palestras para multidões, conversação com seres de outra dimensão, tratava doentes, interagia em acidentes, cuidava de pessoas em perigo, tratamento e cura com a imposição das mãos; e quando acordava, anotava tudo, foram enchendo cadernos e mais cadernos...

Tive a conscientização de que não eram sonhos e sim uma forma inconsciente despertada e que poderia fazer a diferença onde estivesse se usasse aquelas habilidades ativas que faziam parte de mim, aqui, nesta realidade acordada.

Mas, como fazer acordada, nestas 3ª dimensão que vai densificando tudo, até nossos pensamentos? Nessa jornada de muitos desafios, sem respostas, observei meus limites, parecia que não poderia agir como em meus sonhos. Decepção, frustração, negação, e foi assim, sem expectativas que adoeci e não conseguia cuidar de mim. Doente, procurei tratamentos alternativos e também emocionais e espirituais. Durante 25 anos estudei misticismo, esoterismo, concomitantemente, trabalhei como professora de Yoga por bastante tempo, me formei em fisioterapia, hoje trabalho com uma técnica quântica chamada de Micro fisioterapia; tentando me curar, busquei tratamento quântico.

No ano de 2015, em agosto, conheci uma pessoa que fazia um tratamento chamado Par-biomagnético; durante as sessões, conversávamos sobre ufologia, meu assunto preferido! Contei a ela que no ano de 1997 ou 1998, não me lembrava direito, havia recebido das mãos de um palestrante paranormal, uma pedrinha discoide e que havia guardado essa pedrinha comigo. Diante disso, ela me convidou para conhecer um lugar excepcional, onde havia um grupo de pessoas interessadas nesse assunto e que tinham passado pela vida com as mesmas indagações. E poderiam responder às muitas questões dizendo que lá estariam as respostas. Respondidas por "Um menino das Estrelas", como ele gostava de se apresentar e, que se comunicava pessoalmente com eles.

Então fomos conhecer a Fazenda Boa Sorte, em Corguinho, perto de Campo Grande/MS, numa tarde ensolarada, numa estrada de chão, muita poeira, era final do mês de agosto, o Sol estava de um vermelho-dourado tão lindo!

Ela dizia pra eu olhar e colocar toda aquela beleza no meu frontal, achei estranho, mas fiz exatamente o que ela me pediu. Senti uma energia forte e me senti acolhida. Anoiteceu e nós ainda na estrada, a Lua despontou, enorme, esplendorosa! Enxergávamos claramente a estrada! Chegamos à Fazenda e fomos direto para os pontos energéticos que ela conhecia e ficamos durante 9 minutos em cada um, visitamos 7 deles, e seguimos para Zigurats, uma cidade construída ao lado da Fazenda. Em Zigurats fomos recepcionados por um casal que estava sentado do lado de fora da casa, olhando as estrelas. Combinamos de jantar todos juntos, e foi um banquete, com muita conversa, vinho e um risoto maravilhoso!

No outro dia, quando estávamos de partida, descendo para sairmos da Fazenda, falei que não tinha visto nada, e nem sentido nada que talvez não seria naquele lugar que haveriam respostas para minhas indagações, foi nesse exato momento que olhei para um morro que estava à nossa frente e, de súbito, tive uma sensação de aperto no peito que faltou ar. Pareceu que havia uma nuvem me envolvendo, como num abraço bem apertado, quase sem conseguir respirar, uma alegria tomou conta de todo meu ser, eu pulava, não conseguia me acalmar, e comecei a chorar, era alegria misturada com saudade, não sei explicar!! Mais tranquila voltamos pra estrada, e, já modificada com um sentimento de que fui reconhecida e acolhida!

No mês seguinte comecei a participar das viagens que são realizadas por esse grupo. Hoje me sinto inteira, tive respostas concretas e reais das minhas angústias existenciais. Sei quem sou, sei por que estou aqui neste planeta Terra e sei para onde irei ou onde ficarei se assim desejar!

ECOSISTEMA - Vequi Recalde (Paraguai)

Es simplemente que siempre busque el porque y el para que del sistema que vivimos . Estamos creados para muchas funciones o habilidades mas que los 5 sentidos que son los sensores externos que desarrollamos con la educación o maduración del ser humano. Teniendo en el cuerpo vórtices energeticos (son centros del sistema nervioso, nombre que le da la ciencia o chacras nombre milenario) y que están comunicados con estos 5 o 6 (vista, oido, olfato , gusto y sentir) sentidos externos y que son muchos mas , según mi opinión e investigación.

Todo esto da lugar a poder tener mayor información , más clara y repuestas casi exactas de los sucesos externos de la vida de cada uno de nosotros y aportar soluciones sencillas y ECOLÓGICAS (Ecología Humana = conocernos y responder desde ese conocimiento y no desde estándares establecidos) .

El desarrollo de todo este conocimiento hizo que tenga respuestas inmediatas a situaciones muy complicadas sin tener toda la información. Casualidad o causalidad , no . Este cuerpo está dotado por conocimientos muy importantes para responder adecuadamente a la sobrevivencia y a una calidad de vida de excelencia para todos .

Hoy desde estos conocimientos , más una alimentación adecuada , ejercicios y un cuidado de nuestra salud mental , lejos de virus mentales (

personas que no responden a vivir mejor). Puedo decir o contar que en muchas situaciones he estado en peligro o alerta y haciendo escucha , viendo , sintiendo y haciendo caso del desarrollo de esos sensores externos hacia el interior, respondí hable y accione más ecológicamente , mejor condición de vida para mi y mi entorno . Es una función de nuestro cuerpo que tenemos postergada por falta de conocimiento , pero si tenes y pensas, te vas a dar cuenta que formas parte de los Diferentes porque es
ECOLOGÍA HUMANA .

Es posible porque todos estamos llamados a encontrar las diferencias en respuestas a Vivir y Recuperar nuestro ECO-SISTEMA tanto Externo como Interno . Es un llamado a descubrir " LOS DIFERENTES " . Todos podemos si queremos .

OLHAR NOS OLHOS - Renan Cássio R. Fávaro

Pra chegar ao ponto que chegamos tivemos que caminhar muito, entre o que o mundo nos proporcionava em relação ao conhecimento... tanto científico, astronômico, filosófico, quanto o que transcendia ao nosso entendimento.

Somos eternos aprendizes, andarilhos do universo. Somos eternos aprendizes da verdade escondida.

Entenda uma coisa: procurar respostas não significa duvidar da fé que já possui.

Cada bagagem tem seu peso, cada pé tem seus calos e cada olhar tem uma história...Respeite; Isso basta para proteger tua percepção daquilo que desconhece. Respeite o direito que o próximo tem de ser livre como você é ou pensa ser.

Respeitar é olhar nos olhos e poder ver além do que pode ser visto, é olhar nos olhos e perceber que é olhado também, é olhar nos olhos e tão somente olhar nos olhos... e aí, olhando nos olhos, talvez você lembre que cada bagagem tem seu peso, cada pé tem seus calos e cada olhar tem uma história.

VERDE NEON - Alma Luz

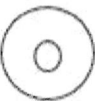

Em 1996 assisti um filme chamado " FERNÃO CAPELO GAIVOTA", me emocionei de tal jeito, que senti em mim a ALMA daquele pássaro diferente. A questão é que gosto de desafios, de voar alto através dos meus pensamentos. Adoro filmes de ficção, pois sei que no fundo tem um quesito de realidade.

Amo a natureza, em especial as montanhas, vales e rios, que, como um diamante fino iluminam minha alma serena, ficando claro, que o modernismo "civilizado" me sufocava. Optei por morar fora da cidade, lá quando avistava o firmamento bordado de estrelas, um sentimento forte, me corroía o peito..."SAUDADES DO CÉU", que me faziam chorar aos prantos. Diante essa tristeza prometi a mim mesma, que um dia, ainda nesta vida, visitaria todas as estrelas que acalmassem a ALMA.

Como se isso não bastasse, várias noites, meus braços emitiam uma suave luz, verde neon, e não sabia como pará-lo. Quando apareciam pessoas, eu tentava esconder a todo custo, colocando as mãos por trás do meu corpo ou mesmo no bolso...era constrangedor...nada parava a luz! Isto me fazia sentir ser diferente das demais pessoas.

Um belo dia, estávamos no alojamento feminino, junto com um grupo de pessoas que, realmente buscavam o inusitado. Dormíamos tranquilamente, lá pelas duas da manhã, quando de repente a minha vizinha de cama saiu gritando alegando haver um " SER" no quarto. Assustada corri atrás dela (ainda era noite), perguntando cadê o ser?....quase desmaiou quando dela me aproximei. Abruptamente disse pra
eu me afastar! Então fiquei parada sem nada entender.

Quando ela tomou distância, olhei para trás e não vi ser nenhum, mas o que percebi, com muita surpresa, foi o meu corpo todo, verde neon...eu era a causa do susto dela!!!!! Sim! com indignação dobrada, pois antes essa luz, era só nos meus braços! e agora todo o corpo!!!!.

Ai tive a percepção de que ser DIFERENTE, em relação a outras pessoas, era algo que tinha que aprender a lidar. Para mim, nesse estado, era momento de muita neutralidade e paz! Ser DIFERENTE hoje para mim é sinônimo de COMPROMISSO e FÉ. "PODE QUEM PENSA QUE PODE". Muita GRATIDÃO ao grupo!

INEXPLICÁVEL – Cleide Nagem Vasconcellos

Estávamos em um grupo formado por, aproximadamente, 300 pessoas, todos na fazenda, num local conhecido como "Platozinho", para conversar os "amigos das estrelas". Era noite e no céu, muitas "caneplas" riscavam em muitas direções. Quando chegou a minha vez, fui acompanhada de uma amiga e, apareceu uma canepla vermelha, lindíssima, em formato de estrela. Eu disse à minha amiga: "vamos relaxar os ombros, dar uma das mãos e fechar a outra." E fomos para a trilha.

No caminho, fui pedindo mentalmente aos amigos: "não precisam aparecer... Somente joguem uma pedrinha"... Pensei isso, por três vezes. Então, indaguei à ela: nem uma pedrinha para nós? Neste exato momento, despencou uma enorme pedra do céu, em formato discoide e caiu do meu lado direito, quase acertando o meu pé. Pelo barulho que produziu e pelo tamanho, deveria ter em torno de 50 quilos. Demos dois passos e outra pedra igual em tamanho caiu à nossa frente. Continuamos a andar, conforme haviam nos orientado...

Em determinado momento, a minha amiga escutou uma voz feminina, que disse: "parem!". Paramos. Então, apareceu uma luz de cor dourada e em volta dela, de cor verde. Escutamos: "sentem-se". Sentamo-nos no chão, ainda de mãos dadas. A parceira das estrelas começou a falar, com uma voz mansa, quase cantando, mas não entendemos! Dissemos a ela que não havíamos entendido. Ouvimos um som de um instrumento musical, que se assemelhava a uma flauta. Isso aconteceu por três vezes. Eu disse: "amiga, nos perdoe, mas aqui estão duas velhinhas meio surdas!". Aí, ouvimos: "aproximem se..."

Nessa hora, não sei exatamente o que me sucedeu, mas levantei-me, rapidamente, puxando a parceira e adentramos a mata. De repente, a amiga me deu um puxão para trás e gritou: "alguém me está 'segurando' no peito, me impedindo de continuar"... Foi quando percebi que eu tinha parado há dois palmos de uma touceira de espinhos, na altura do meu peito.

Então, a amiga das estrelas começou a falar comigo, enquanto o parceiro conversava com a minha amiga... Ela falou sobre algumas coisas, me passando orientações e, quando perguntei se havia mais alguma coisa, ela respondeu: "não! Vocês já fizeram muito!". Perguntei sobre os meus filhos e ela respondeu: "na hora certa, eles virão!".

Falei sobre a minha memória, que estaria muito fraca e ela disse: "alimentação errada, desde criança!". Nesse ínterim, a minha amiga conversava com outro parceiro, de voz magnífica – diga se de passagem – Ele perguntou para ela: "quer me ver?". Ela respondeu: "sim!". Ele disse: "olhe para cima". Ela dizia: "amiga, olhe! Ele está acima da copa da árvore! Está se mexendo, de um lado para o outro!". Eu não o via, somente ela!

Neste instante, ao retornar o olhar para o ponto anterior, onde estava a voz que conversava comigo, atrás dos espinhos surgiu, repentinamente, um vulto que identifiquei como feminino, com um dos braços levantado, segurando um aparelhinho. Ela mexia o braço e o aparelho emitia luzes de todas as cores, como um arco íris, em ondas que se propagavam ao longe. Nesse momento, ouvi: "nós amamos muito vocês!". Eu respondi: "nós também amamos vocês!". Ela continuou: "mas nós amamos muuuuuuuuuuiiito" vocês! Vibração!

Capítulo IX

Conclusão

RECADO DO AMIGO DAS ESTRELAS - Marcus Vinícius Macedo

Quinta feira, nove horas da manhã, o avião toca as rodas no chão da cidade de Campo Grande no Mato Grosso do Sul, paralelo dezenove. Ao descer a escada sinto o frescor e o aroma de um ar diferente das grandes metrópoles, um ar ainda não poluído. O dia estava lindo, ensolarado, com um céu azul celeste que a muito tempo não via. Tive aquela intuição de estar no dia certo, no local certo e na hora certa.

Coisas de gente mística. Peguei minha mala na esteira e me dirigi ao saguão de desembarque. Lá, deparei com um monte de gente segurando um papel nas mãos a procura de alguém que acabara de chegar. Logo identifico meu nome nas mãos do Fred, o guia turístico que me aguardava conforme havia combinado.

Malas no carro , uma camionete vermelha , caindo aos pedaços, partimos rumo a fazenda Boa Sorte. Eu não estava sozinho nesta aventura , haviam mais três pessoas no carro. Fred já estava acostumado a fazer esse trajeto. Disse que muitas pessoas procuravam esse local. Os motivos mais variados , uns em busca de cura , outros para realizar pesquisas, e outros por curiosidade mesmo. Já havia algum tempo que eu, nas minhas incansáveis pesquisas sobre tudo aquilo que é paranormal ,me interessara pela ufologia paracientífica.

A ufologia paracientífica é a ciência que estuda todas as manifestações que vão além da compreensão humana, ou seja , aquilo que a ciência tradicional não consegue desvendar e responder. A diferença deste tipo de pesquisa para a pesquisa dos meios acadêmicos , é que nesta ,a principal fonte de informações vem direto dos próprios *amigos das estrelas*, através de uma comunicação verbal mesmo. Esse era o verdadeiro motivo desta viajem.

Entrar em contato e estabelecer comunicação com parceiros que vem dos mais variados e longínquos lugares do universo. Fred , muito solícito e educado foi relatando muitos casos e histórias da região , o que fez a viajem se tornar mais agradável.

Já havíamos percorrido boa parte do trajeto ,oitenta quilômetros de rodovia até a cidade de Rochedo , onde paramos para almoçar . Era um restaurante simples de beira de estrada. A comida bem caseira e gostosa , feita pela própria dona do restaurante. Para completar um doce de abóbora de sobremesa e um cafezinho e pronto ,lá estávamos nós de volta a estrada sem perder tempo , pois Fred não queria chegar a noite e nos informou que agora seriam trinta e cinco quilômetros de estrada de chão em situação bem precária . E bota precário nisso , era sacudida pra cá e sacudida pra lá .

Cheguei a bater minha cabeça no teto de tão ruim que era a estrada. Enfim , após três horas de buraco e pedra chegamos na fazenda Boa Sorte no município de Corguinho. Havia uma paisagem muito bonita com o por do sol , onde a beleza da natureza traduzia toda a magia do local. Havia também um morro retangular bem alto de característica muito marcante.

O solo era uma mistura de terra vermelha com rochas de origem vulcânica. Algumas casas eram de construção simples, comum , outras tinham um formato interessante que lembrava um iglu .

Logo na entrada fomos recepcionados por uma simpática moradora do local chamada Auri. Ela me levou até as instalações em que eu iria ficar. Uma espécie de alojamento bem simples com varias beliches e um banheiro coletivo do lado de fora. Após escolher a minha cama ,fui logo tomar um banho e descansar um pouco pois estava exausto da viagem.

Era mês de maio e a noite caíra com seu manto de estrelas sem nenhuma nuvem no céu . Acordei assustado com uma mulher baixinha falando bem alto em um megafone para todos escutarem : Pessoal o jantar esta servido. Prontamente me dirigi ao refeitório pois já estava com fome. Ao chegar na entrada do refeitório pude notar que haviam muita gente em uma fila para servir. Na mesa sentei ao lado de um homem moreno de barba branca e cabelo grisalho muito educado chamado de João Pastor. Logo me identifiquei com aquela figura tão amável e tão diferente .

Aliás, para mim , todos ali me pareciam pessoas bem diferente das pessoas que encontramos no dia a dia . Perguntei a João se ele havia tido alguma experiência paranormal naquele local . João disse que sim e foi logo relatando que as pessoas naquele local estavam tendo uma espécie de interação com uma dimensão paralela onde aparecia um chamado menino das estrelas.

Os encontros eram normalmente a noite, junto a natureza. Contou também que esse menino passava informações científicas preciosas, com dados técnicos impressionantes, comprovados por cientistas que frequentavam o local.

Falava de questões filosóficas a respeito do verdadeiro significado da vida e que a morte era uma questão de escolha . Falava também sobre alimentação saudável e como desintoxicar o corpo evitando industrializados . Confesso que fiquei impressionado com o que João me disse sobre esse menino , o que me acendeu uma vontade muito grande de conhecê-lo , de ouvir a sua voz e até mesmo comunicar com ele.

Logo após a janta nos reunimos no mesmo refeitório para uma palestra com o "cara" que iniciou as comunicações com o menino das estrelas. Ele iria nos dar as diretrizes das atividades daquela noite. Então sentei em um banco de madeira em meio a muitas pessoas e esperei por quase duas horas. Quando de repente o "cara" que todos esperavam entrou no refeitório . Esse sim era diferente. Tinha uma cabeça maior do que o normal, as orelhas grandes e de abano e um nariz que lembrava o das bruxas dos contos de fada. Porém quando começou a falar , vi que se tratava de uma pessoa com um conhecimento ímpar.

Com muita segurança no que falava, transmitia as informações com um carisma sem igual . Logo percebi que se tratava de uma pessoa honesta e verdadeira . Falava com muita propriedade sobre assuntos relacionados a manipulação de energia com o poder da mente . Ensinava como nos prepararmos para interagir em uma dimensão paralela.

Explicou que existem quarenta e nove raças de dimensões superiores a nossa, que querem fazer uma parceria com a humanidade , escolhendo algumas pessoas diferentes para fazer essa ponte de transmissão de conhecimento e novas tecnologias que causarão uma verdadeira revolução no modo de vida das pessoas ,trazendo benefícios para o alívio da dor e do sofrimento de grande parte da humanidade , transformando o planeta Terra em um lugar mais justo e mais fraterno .

Após a palestra saímos todos em direção a um determinado ponto na mata, aonde o menino das estrelas costumava aparecer. A noite estava muito agradável , com uma temperatura amena , e apesar do cansaço da viagem , eu caminhava a passos largos e não estava com um pingo de sono.

Eu estava com uma sensação boa de estar ali, naquele lugar mágico , em contato com a natureza, longe das preocupações do dia a dia, caminhando com aquelas pessoas de várias idades , todos muito diferentes.

Tive um pressentimento de que algo de bom estaria para acontecer e que mudaria minha vida.

Chegando no local combinado procurei por um lugar seguro , onde eu pudesse me sentar e contemplar aquela noite maravilhosa ,até que todos estivessem reunidos. Após alguns minutos de expectativa , de repente surgiu um clarão no meio da mata , como um flash de maquina fotográfica . Nesse momento todos viraram em direção aquele clarão e começaram a escutar as palavras do menino das estrelas.

> *Futuras gerações se lembrarão de um grupo que esteve aqui, e que promoveu mudanças riquíssimas. E que deixou fotos, vídeos, e que falava com os Deuses do céu enquanto a sociedade oprimia, difamava aquele grupo, o grupo ia trabalhando, trabalhando, construindo de grãozinho em grãozinho, um de cada vez. E de repente a cidade estava um espanto! Em seguida o mundo não conseguiu mais segurar aquele espanto de cidade. Todo mundo voltou seus olhos e investimentos para cá. E um dia esse grupo foi embora deixando muitas técnicas e tecnologias contra terremotos, abalos sísmicos, vendavais, raios que vem do céu, de todas as frequências diversas, direções e de todas as direções luminosas que matam o ser humano e destroem as células. Aquele grupo deixou de herança a vida eterna. Aquele grupo deixou de herança a mutação genética que fará uma nova geração de anjos, de super-homens, de pessoas saudáveis, nada de fome, não há mais doenças. Aquele grupo ficou na história, é uma lenda! Este grupo foi maravilhoso em saber o que ia acontecer no final do mundo, no final dos tempos, no final do ciclo, no novo recomeço. O novo recomeço se*

> deu a partir de 2018. E esse grupo foi glorificado nos quatro cantos da terra , do céu, do sistema dos mundos paralelos e foram considerados os homens, os Seres Universais que ali habitaram e que falavam com os humanos da terra e que passavam técnicas mirabolantes. E que tinha um "cara" que falava diretamente com eles, com todas as suas regalias, que fazia proezas que nenhum Ser Humano já fez. Esse "cara" conseguiu montar esse grupo revolucionando todas as cabeças: medicina, ciência, filosofia, tudo aquilo que diz respeito ao conhecimento humano. E aquele grupo buscava conhecimento e passava conhecimento de graça! Em troca de apenas uma tarefa! Alimentação, que as pessoas comessem, comessem, comessem aquilo que eles orientavam, pois o seu prolongamento de vida se daria através dos alimentos e da água ,dos exercícios ,das técnicas e principalmente das descobertas genéticas que foi passada pelos Deuses para este grupo. E este grupo consagrado pelos jornais da mídia eternamente por 26.800 anos. E na próxima virada ,quando se aproximou o grande corpo celeste este grupo se foi. Este grupo se foi, mas deixou sua marca na Terra ,deixando para trás choros, lembranças, saudade daqueles que um dia criticaram. Aqueles que um dia difamaram, choraram lágrimas e lágrimas de quase sangue, mas foram também agraciados pela bondade desse grupo ,mesmo aqueles que atiraram pedras no grupo, mesmo assim todos foram beneficiados de coração por aquele grupo que passou pela Terra, fez proezas, prometeu e executou. E deixou sua marca, sua luz, sua cidade para gerações futuras. E assim são vocês !

Foi uma mensagem longa, relacionada ao futuro da humanidade. Sua voz era fina, bem característica de uma criança. Falava também com muita segurança e propriedade para uma criança daquela idade. Eu estava atônito, em estado de graça. Não conseguia imaginar, que eu estava tendo um contato com um Ser de outra dimensão ,de um outro lugar no universo. Sua silhueta era bem visível em meio a mata.

Dava pra ver o contorno do seu corpinho, translúcido, como se ele fosse de vidro. Após responder a algumas perguntas , inclusive em outras línguas, pois haviam estrangeiros de vários lugares do mundo naquele grupo, o menino despediu-se de todos e prometeu voltar. E como num passe de mágica desapareceu em meio a um novo flash de luz.

As pessoas então começaram tomar o caminho de volta. Eu estava pensativo, caminhando e analisando tudo aquilo que acabara de acontecer. Realmente eu tinha vivenciando uma experiência paranormal, interagido em uma espécie de portal dimensional.

Naquele momento minhas crenças, minhas superstições e meus medos caíram por terra. Já não podia ser mais a mesma pessoa de antes. Senti que minha mente se abriu para uma nova visão da realidade. E eu estava diferente.

Diferente
Gertrudes Berra

Esperança surgiu no céu
Quando o menino despertou
A semente foi plantada
Pelos Deuses que lá estavam.

O que foi plantado germinou
E o acordo se firmou.
Havia milhares esperando
E o treinamento começou.
Muitos obstáculos surgiram
Mas, foram todos vencidos

Pela confiança na parceria,
Que veio selada com alegria.
E o tempo foi passando
Muitos dimensionais chegando.
A vibração foi aumentando
E o compromisso avançando.
Entre exercícios e brincadeiras,
Subindo e descendo ladeiras,
Percorrendo trilhas e caminhos,
Gerando frequências e acelerando!
E os parceiros, bem de longe

Os benefícios recebidos
Foram muitos a destacar:
Prolongamento da vida,
Proteção, saúde e bem estar.

Aos dimensionais cabiam
Um legado deixar
Para as futuras gerações
Um mundo novo experimentar!

Abriram estradas,
construíram pontes
Para a cidade do futuro alcançar.
Aí vem surgindo Zigurats Para
humanidade encantar.

Da pérola do Universo
O observatório irá comunicar
A todos que querem saber
Sobre o que vai acontecer.

Agora vem a Pirâmide
Para a evolução concretizar

Observando e vibrando,
Mandando flash e ativando
Cada vez mais se aproximando.
O grande dia chegou,
Na estrada sagrada
A aliança foi firmada
Com os Deuses na hora marcada!

Pois, quem nela adentrar
Com os deuses irá falar.
Um dia o mundo saberá
Que o nosso Grupo Veio
para ensinar Como a humanidade
Outras dimensões irá alcançar!

O LEGADO – Maria Elizabeth Olendzki

Um grupo de pessoas completamente diferentes entre si, mas com um sentimento comum: *fazer a diferença!* Trabalharam e se empenharam numa jornada exaustiva, conflitante em alguns momentos, reuniram-se para forjar uma trilha que mostraria uma NOVA REALIDADE!

Esse caminho está aberto para quem quiser. Para quem não tiver medo de enfrentar desafios. Para quem estiver disposto a lapidar a joia interior que traz desde sua origem. Para quem corajosamente for viajar, pioneiramente, para lugares onde ninguém jamais esteve! Este é o nosso legado.

Epílogo

MISTÉRIO – Maria Elizabeth Olendzki

Todo o livro passa por uma revisão e ajustes antes da finalização. E este livro não se esquivou deste processo.

Entregamos uma cópia para o nosso orientador verificar se este atendia os objetivos estabelecidos para sua execução. Que ocorreu ao final de um seminário, numa sala de conferencias, num hotel de Campo Grande/MS.

Deixamos para o final, para evitar extravio e, fechar com "chave de ouro" o evento, passando o "boneco" para o devido exame.

Alguns dias depois, descobrimos que o livro havia "desaparecido". Buscas exaustivas foram realizadas: sem sucesso!

Passados mais um tempo, perguntamos ao nosso orientador pelo comunicador, sem mencionar nossa ciência do ocorrido, qual era sua impressão ao lê-lo.

Respondeu que estava lendo, naquele exato momento. Surpresa, perguntamos:

- Ué!? O livro não tinha "desaparecido"? como você está com ele?
- estou com ele nas minhas mãos, agora!

E descreveu a capa e outros detalhes que somente quem estivesse com o livro poderia dizer.

- mas como?!
- o livro esteve nos "mundos paralelos", primeiro. Foi a resposta.

AGRADECIMENTOS

Rafael Hungria, São Paulo/SP, pelo desprendimento e foco.

Luiz Felipe Castelo Branco, Campo Grande/MS, pela pronta intervenção, para a concretização desta tarefa.

Rita Bridi, Vitória/ES, pela revisão e correção do texto dos autores.

Sinara Meire Visentin, Campo Grande/MS, pelo empenho em conseguir local para impressão.

Núcleo de Mato Grosso do Sul pela assessoria.

Em especial, a todos os autores que responderam prontamente ao chamado de forma despretensiosa e com dedicação.

www.ingramcontent.com/pod-product-compliance
Lightning Source LLC
Chambersburg PA
CBHW021410210526
45463CB00001B/295